Tasty Food
食在好吃

跟着大厨学做
宴客菜

杨桃美食编辑部　主编

江苏凤凰科学技术出版社
·南京·

图书在版编目（CIP）数据

跟着大厨学做宴客菜 / 杨桃美食编辑部主编 . — 南京：江苏凤凰科学技术出版社，2015.7（2021.7 重印）

（食在好吃系列）

ISBN 978-7-5537-4335-6

Ⅰ . ①跟… Ⅱ . ①杨… Ⅲ . ①菜谱 Ⅳ . ① TS972.12

中国版本图书馆 CIP 数据核字 (2015) 第 067044 号

食在好吃系列

跟着大厨学做宴客菜

主　　　　编	杨桃美食编辑部
责 任 编 辑	葛　昀
责 任 监 制	方　晨

出 版 发 行	江苏凤凰科学技术出版社
出版社地址	南京市湖南路 1 号 A 楼，邮编：210009
出版社网址	http://www.pspress.cn
印　　　　刷	天津丰富彩艺印刷有限公司

开　　　　本	718 mm × 1 000 mm　1/16
印　　　　张	10
插　　　　页	4
字　　　　数	250 000
版　　　　次	2015 年 7 月第 1 版
印　　　　次	2021 年 7 月第 3 次印刷

标 准 书 号	ISBN 978-7-5537-4335-6
定　　　　价	29.80 元

图书如有印装质量问题，可随时向我社印务部调换。

目录

在家宴客非难事

PART1
清爽开胃餐前菜

PART2
美味宴客主菜

PART3
香浓鲜美汤品

PART4
幸福快炒下饭菜

PART5
美味饱腹有主食

PART6
香脆酥炸烧烤

PART7
精致餐后甜品

学会色香味俱全的百道料理
在家宴客非难事

一桌精致、丰盛且色香味俱全的餐厅宴客菜，不仅能让宾客吃得开心，也让主人有面子，但花费不少。在手头拮据的情况下，在家自己做料理宴客，不仅节省开销，也能展现厨艺。

餐厅宴客菜给人的印象除了气派外，还色香味俱全。大多数人认为没有餐厅大厨的好手艺就做不出一桌美味的菜，而且在宴客前总得在厨房忙进忙出、使出浑身解数，相当累人。

究竟做什么菜宴客才能既简单又不麻烦？如何才能让料理美味又体面？本书将要教给读者朋友们餐厅大厨的绝学，让宴客菜美味又容易制作。

宴客常用高级食材
挑选和处理

→ 鱼翅

鱼翅是用鲨鱼的尾鳍或背鳍加工而成的高级食材，含丰富的胶质与蛋白质，可增加皮肤弹性。挑选好的鱼翅首要先观察三角形处，若此处不光滑、不透明，则表示翅多值得买；其次可观察切口，深且无骨就表示质量不错；最后再观察颜色，若过度洁白，可能经过漂白。

鱼翅在料理前须先洗净，再以清水浸泡约4个小时使之软化，再换水加入葱段、姜片煮沸后，转小火煮约1个半小时，熄火捞出葱段、姜片沥干水分后即可。而现在有许多人造鱼翅，不但有助于保护动物且口感不差，在家宴客不妨尝试使用。

← 海参

海参有丰富的蛋白质，且胆固醇含量低，营养价值高可媲美人参，故称为"海参"。其种类繁多，常见的有"刺参"，选购时要注意突出的刺要够硬；"婆参"要选整体扭起来是软的；"黑石参"则要选坚硬、色泽鲜明的。泡发干的海参时须以清水浸泡1天，然后换水煮沸后熄火浸泡约半天，取出海参去除内脏秽物，再换水煮沸后，继续浸泡半天，再重复煮沸浸泡至海参完全变软为止，若仍未泡发成功，则继续上述步骤至发软。但因为过程麻烦，市面上有贩卖发好的海参，虽然品质不及干货，但烹饪后口感不会差太多。

← 香菇

香菇通常分为干香菇和鲜香菇，鲜香菇口感鲜嫩多汁，多用于热炒或酥炸；而干香菇味道浓郁，多用于提味，选购时应注意菇伞完整，切开的菇肉洁白。泡发干香菇须以冷水浸泡至完全展开，去除蒂及泥沙后再用清水浸泡一次，注意不能用热水，否则会破坏其香味。

← 猪肚

猪肚是猪的胃，而非肚腩，在以前是宴客的高级食材，虽然近年来已经很普遍，但宴客时仍不失为一道佳肴。因为猪肚内部有黏液及杂质，在烹饪前一定要先用大量的盐搓洗，再内外翻开以面粉、白醋搓洗干净，放入沸水中煮约5分钟，捞出浸泡冷水至凉后，再切除多余的脂肪即可。

↓ 鲍鱼

一般市面上可以买到的鲍鱼分为干鲍与罐头鲍。喜宴上常用的就是罐头鲍，干鲍的价格远高于罐头鲍，因为通常制成干鲍的都是较高级的鲍种。

选罐头鲍时须注意保存期限、罐头是否有凹损；而干鲍则需要注意挑周围有粗纹、底边阔大且平的。罐头鲍在烹饪前，最好先蒸；而干鲍须事先清水浸泡约1天，再加入姜片、葱段煮沸后，转小火续煮2～3个小时，熄火浸泡半天。

↑ 竹荪

竹荪是生长在竹林中腐朽的竹子及土壤上的一种菌类，而非竹子的一部分，一般多制成干货成捆出售，本身无特殊味道，但会吸收汤汁，所以料理多用烩或熬煮的方式。选购时应选择形状完整、色泽金黄、气味清香者为佳。买回的干竹荪须用冷水浸泡一晚，沥干水分后再烹饪口感会较为爽脆。

在家做宴客菜8大烹饪关键

宴客并不难，但要在家做出美味的宴客菜，从材料的选购、处理，到制作的过程都不能马虎。除了食材的选择很重要外，烹煮的小技巧也不能忽略，以下是宴客菜的8大烹饪关键。只要掌握大厨的做菜秘诀，就能轻松品尝餐厅菜的好滋味！掌握关键处，美味桌上来！

关键 1 烹饪前去腥

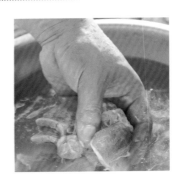

肉一直用净水冲洗，可去腥膻，也会让口感更好。另外焯烫还可以去除肉类或海鲜多余的脂肪、血水与腥味，焯烫时通常可以在锅中放入葱段、姜片或料酒，去腥效果更佳。但注意焯烫的时间不要太久，如海鲜焯烫只需要半熟，因为之后还有其他的烹饪加热程序，这样才不会让食材过老，丧失了本身的滋味与口感。

关键 2 肉类先腌渍

腌料中除了调料之外，还有芹菜、香菜、洋葱、红葱头、辣椒等辛香料。香辛料加水打汁，再加入腌料，腌渍肉类可保持其鲜嫩。此外有些腌料中会加入淀粉，可以锁住肉汁，防止热炒时肉变干涩。肉类也可先切块或片，除了可使腌渍时更容易入味，也能节省烹饪时间。

关键 3 焯烫与过油

许多食材在入锅前都需要焯烫或过油，尤其是肉类，意在让食材表面先熟化，再用来拌炒或炖卤就能保有食材内部的汤汁与口感，也能将表面的脏污去除。而过油的目的是保持食材本身的颜色与脆度。

关键 **4**
善用调料和辛香料

餐厅菜中以快炒为最主要的精神，就是利用大火结合热油后，加上食材与调料，借香气而产生美味。而辛香料和酱料都是让香气更浓郁的秘诀之一，通常葱、姜、蒜、辣椒、花椒在热锅中爆炒就会产生香气，但是不能爆香太久，以免烧焦产生苦味。而罗勒、韭菜、香菜这类食材，则是起锅前再加入。此外有些调料也可以先爆香，如辣椒酱、豆瓣酱经过爆香后，香气都会更浓郁，有助提升整锅菜的香味。爆香后，再加入食材炒熟，这样整盘菜吃起来更有层次感，比起一锅炒，更多了些香味。

关键 **5**
细火慢炖

需使用较大块的肉类时，如煮汤、红烧或清炖，都可以用小火慢炖，这样煮出来的菜肴才会美味可口。可以先用大火煮滚后，盖上盖转小火再继续慢慢卤煮。长时间卤制是为了让肉更入味，因此绝对不要心急用大火，不然长时间卤下来，食材的水分都流失了，肉吃起来又老又涩，因此只要保持微沸的状态，并以小火卤煮即可。

关键 **6** 大火快炒

餐厅、快炒店炒出的一盘盘美味佳肴，比家里炒得好吃的精髓就在于"锅要热、火要大"。锅要热，才能迅速让食材表面变熟，如此一来在翻炒的过程中，食材就不易粘锅，也就不会破碎四散。而火够大，才能让食物尽快熟透。快炒不像烧煮要花时间煮入味，而是越快炒熟越能保持食材的新鲜与口感，否则食材变得又老又干，海鲜与叶菜尤其如此。而家里炉火火力不可能像店家的快炒炉那么强，所以就只能靠技巧来弥补，例如一次不能放入太多食材，以免无法均匀受热而加长烹调的时间；此外将食材切小、切薄都能加快炒熟的速度，这样菜的口感就会跟餐厅一样啦！

关键 **7** 烹饪要收汁

如红烧肉类或快炒类的菜肴，在烹饪上最忌讳的就是在菜肴中加入太多汤汁或是锅中留下过多汤汁，所以烹饪时要尽量将锅中的汤汁收干，这样才能做出入味又好吃的菜肴。

关键 **8** 制作鸡高汤

材料 汤锅1个(6000毫升容量)，鸡骨2副(约300克)，洋葱1个(约200克)，姜3片，水4500毫升

做法 ① 鸡骨焯烫洗净，洋葱洗净切块备用。

② 取汤锅放入做法1的所有材料和姜片，倒入水。

③ 开火，将汤锅中的水煮滚后，转小火续煮1个小时，汤汁过滤后即是鸡高汤。

备注 用煤气炉煮高汤时不能盖上盖，加盖熬煮，汤汁容易混浊。

> **注** 1大匙≈15克(毫升)，1茶匙、1小匙≈5克(毫升)。书中若无特别提示，所使用油皆为色拉油，不再赘述。

高汤保存方法

虽然高汤购买方便，但却没有自己煮来得健康。制作高汤通常不会一次只煮一点，多余的高汤只要好好冷冻保存，想用的时候取出所需的分量解冻即可，如此不需每次都大费周章重新制作，就能品尝到鲜美的高汤，轻松又快速。

1 保鲜盒(杯)保存

家中通常都有很多有盖的保鲜盒或保鲜杯，除了可以保存一般食材外，对于保存量较大的高汤也很方便。只要将放冷的高汤，倒进保鲜盒（杯），盖上盖，再放进冰箱冷藏或冷冻，使用时再取出需要的分量即可。而且还能将高汤成分或保存时间标示在保鲜盒（杯）外面，有利于对冰箱进行保存管理。

2 制冰盒保存

煮好的高汤，过滤后倒入制冰盒中，放进冷冻库冰冻起来，小小的一块，用量好控制。

3 整锅保存

煮好高汤，记得将汤里所有的食材都取出，浮食用油也要捞得一干二净，放入冷藏可保存2~3天，冷冻则可保存2~3个月，每次使用只取需要的量。已经解冻的高汤块，因在解冻过程中已滋生细菌，所以千万不要再放回冰箱反复冰冻。

4 保鲜膜保存

也可以直接将高汤放入大碗，用保鲜膜封紧碗口，再放进冰箱冷藏。

5 塑料袋保存

这是最方便的方法，但是使用期限最短，而且离开冰箱后，就要一次性用完。

不可不知的宴客礼仪

出席正式的餐宴，有时会因不得体的行为破坏了用餐的气氛。所以不管你是在家宴客的东道主，或是被邀约到别人家中用餐的宾客，都该具备些基本的礼仪常识。

Q1:参加餐宴时，究竟该如何入座？

在家宴客大部分都是以中餐为主，而中餐的圆桌入座规则中，最基本的就是背对门入座的是主人，面对门入座的是主客或最尊长者，接着依辈分由主客的右边至左边依序入座。

Q2:宴客过程中，是否该替别人夹菜？

通常主人可以夹菜给宾客，而宾客则应该欣然接受，若是客气地不断婉拒，反而会造成双方尴尬，更有可能弄得菜肴掉落，狼狈不堪。

Q3:菜上桌后，谁应该先动筷？

同桌中主要的客人或最尊长者先动筷夹取后，其他的宾客再依序夹取即可。

Q4:夹菜时，是否能跨过别人的手或筷子？

答案是不可以。因为这样很可能会妨碍别人夹菜，所以应等待对方夹完菜，再动手夹自己要吃的菜。

Q5:宴客有没有规定出菜顺序？

以中餐宴客为例，首先上冷盘（前菜），再上主菜，接着上汤品，最后上点心跟水果，至于点心则是咸甜皆可。

Q6:宴客时若有饮酒，敬酒的顺序该如何区分？

一般来说通常是主人向客人敬完酒后，晚辈才能对长辈敬酒，并且应先向同桌最尊长者先敬酒。此外，若迟到或要先离席，也应向主人敬酒以示礼貌。

PART 1

清爽开胃餐前菜

精致美味的小菜，因为多以凉拌、腌渍等方法制作，
所以吃起来清爽不腻，再搭配色彩丰富的食材，
不仅开胃，也为一桌美味大方的请客菜揭开了序幕。

凉拌菜美味8招

削皮

夏日凉拌菜有很多是瓜果类，像木瓜、黄瓜、白萝卜等，削皮的时候要多削一些，去掉青白部位，露出瓜肉的部分，不然吃起来会很硬，影响口感。

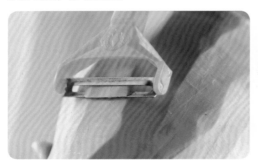

沥干

食材入开水焯烫或是抓盐之后，都会有残余的水分，这时把水倒掉还不够，最好能用滤网充分沥干，或是用手挤干，才不会因水分过多，影响酱汁味道。

抓盐腌渍

抓盐是凉拌菜中很常见的一个步骤，像白萝卜等，先放少许盐抓一抓，腌渍约30分钟，可以去除苦涩味；如果是蔬菜类，先抓盐，让其出水再沥干，才不会影响酱汁的浓淡。

调酱

凉拌菜中，酱汁的味道是决定整道料理的关键，调料中包括酱汁和辛香料，多为酸、辣、甜等味道，使料理更开胃；葱、姜、蒜等辛香料不仅能去腥提味，在夏日凉菜中更有杀菌的作用。

焯烫

焯烫的目的不仅是烫熟肉类，还能去除肉类多余的脂肪和腥臭味；如果是焯烫蔬菜类，水要多，时间不能太久，不然破坏叶绿素，颜色就会蔫黄。

拌匀

除了一些需要腌渍入味的食材，如小黄瓜、苦瓜、芋头，凉拌菜现拌现吃最美味，如果无法拿捏时间，可以将酱料和食材分开保存，食用时再充分拌匀即可。

冰镇

食材烫熟后，可以放入冰块中冰镇，降低食材的温度，蔬菜可以保持颜色，海鲜可以保持爽脆的口感，泡的时候最好用饮用水，更加卫生。

颜色搭配

除了味道之外，凉拌菜视觉上的美感也很重要。橘黄彩椒、绿色小黄瓜、白色或紫色的洋葱、红色番茄，搭配起来十分美丽，整体外观大大加分。

凉拌海蜇皮

材料
海蜇丝300克，小黄瓜1根，胡萝卜50克

调料
盐1茶匙，糖1茶匙，陈醋1.5茶匙，香油1大匙

做法

1. 先将海蜇丝冲水约1个小时，洗去异味后沥干。
2. 将1000毫升水煮开，再加入1碗冷开水令水降温后放入海蜇丝，稍微焯烫后迅速捞出冲水30分钟沥干，备用。
3. 小黄瓜洗净后去蒂头切丝，冲水沥干；胡萝卜削去外皮后切丝，再冲水沥干。
4. 将所有材料与调料拌匀即可。

关键提示 买回来的干燥海蜇皮必须先冲水，冲水的目的在于去除海蜇皮特有的腥味，比起久泡于水的海蜇皮口感更好，让整道料理增色加分。

绍兴醉鸡

材料
土鸡腿1只，高汤200毫升，绍酒400毫升，枸杞子少许

调料
盐1茶匙，糖1/2茶匙

做法

1. 土鸡腿洗净后放入滚水中，以小火煮15分钟后熄火，继续泡在水中约10分钟再捞出放凉。
2. 将高汤煮滚，放入枸杞子以小火煮约10分钟，再加入调料混合均匀，熄火后加绍酒放凉。
3. 取土鸡腿放入高汤中，然后放入冰箱冷藏，约6个小时后取出切小块即可。

港式叉烧

材料
梅花肉400克，姜片30克，蒜头少许，香菜根4根，红葱头30克，葱1根

调料
甜面酱1大匙，盐1茶匙，糖3大匙，料酒3大匙，芝麻酱1茶匙，酱油1茶匙

做法

1. 先将梅花肉洗净，切成长宽约3厘米的厚块状后汆水15分钟沥干。

2. 取姜片、蒜头、红葱头、葱洗净切末，再加入香菜根及所有调料，抓匀成腌汁备用。

3. 将梅花肉块加入腌汁中拌匀，静置2个小时后取出。

4. 最后将腌好的梅花肉块放入烤箱，以上火180℃、下火180℃烤20分钟，再取出蘸酱食用即可。

云白肉

材料
里脊肉300克，姜片30克，葱段适量，蒜泥1茶匙，红辣椒末1/2茶匙，姜泥1/2茶匙，葱末1/2茶匙，

调料
酱油2大匙，糖1茶匙，肉汤2大匙，香油1茶匙

做法

1. 煮开一锅水，加入姜片、葱段后放入里脊肉，以小火煮约25分钟熄火，再加盖焖20分钟。

2. 将里脊肉取出，放入冰水中冰镇约15分钟，再捞出沥干。

3. 将剩余材料与所有调料混合拌匀，为酱汁备用。

4. 将里脊肉切成薄片排盘，再淋上酱汁即可。

备注：肉汤即做法1煮完里脊肉后的水。

山楂排骨

材料
猪腩排400克，山楂片150克，水550毫升

调料
冰糖100克，番茄酱1大匙，花生油少许，盐1/2茶匙

做法
1. 先将猪腩排剁成方块状，再洗去表面脏污后沥干。
2. 山楂片放入200毫升水中，以小火煮约45分钟后过滤去渣留汁，再加冰糖和番茄酱煮沸，即成山楂酱汁，备用。
3. 将猪腩排放入油锅，煎至表面呈金黄后加350毫升水和盐，以小火煮约25分钟，再加盖焖约15分钟后取出放凉。
4. 将放凉的猪腩排块放入山楂酱汁中浸泡，约1天后即可摆盘食用。

素烧烤麸

材料
烤麸6个，姜末1/2茶匙，胡萝卜片30片，甜豆8个，黑木耳2朵，水100毫升

调料
素蚝油1大匙，盐1/4茶匙，糖1/2茶匙，香油2茶匙，花生油适量

做法
1. 先将烤麸手撕成小块状，再以中油温(160℃)将烤麸块炸至表面呈金黄色。甜豆洗净切段，黑木耳洗净撕成小片。
2. 将炸过的烤麸块放入滚水中煮约30秒，去掉油脂捞出。
3. 取炒锅，于锅内加少许花生油，先放入姜末爆香，再加入胡萝卜片、甜豆段、黑木耳片、水、烤麸块及所有调料拌炒均匀，以小火烧至水分收干即可。

凉拌鸡丝

🦐 材料
土鸡腿	1只
姜片	3片
葱段	少许
葱	2根
姜丝	15克
红辣椒丝	10克

🧂 调料
盐	1/2茶匙
酱油	1/2茶匙
糖	1/2茶匙
芝麻酱	1/2茶匙
辣油	1茶匙
香油	1/2茶匙
花椒食用油	1/4茶匙

📋 做法
1. 煮适量开水(水量只需刚好没过鸡腿),加入姜片、葱段后将鸡腿放入,以小火煮约20分钟后熄火,再加盖焖约10分钟捞出放凉。
2. 葱洗净切丝;将鸡腿手撕成粗丝状。
3. 将所有调料混合拌匀,再加入辣油、花椒食用油和香油拌匀,即成酱汁,备用。
4. 将鸡腿丝、葱丝、姜丝、红辣椒丝及酱汁拌匀即可。

百花蛋卷

材料
虾仁300克，蛋清1大匙，鸡蛋2个，海苔1张

调料
盐1/2茶匙，糖1/2茶匙，胡椒粉1/4茶匙，香油1/2茶匙，淀粉1茶匙

做法
1. 先将虾仁洗净，用干纸巾吸去水分，再以刀背剁成泥。
2. 将鸡蛋打散成蛋液备用。
3. 将虾泥、蛋清与所有调料混合后摔打搅拌均匀。
4. 将蛋液用平底锅煎成蛋皮后摊开，将虾泥平铺在蛋皮上，覆盖上海苔，再压平，卷成圆筒状。
5. 将虾仁蛋卷放入蒸锅中，以中火蒸约5分钟后取出放凉，切成约2厘米厚的片状即可。

酸姜皮蛋

材料
溏心皮蛋1个，醋姜片30克

调料
凉开水1大匙，柴鱼酱油1大匙

做法
1. 先将皮蛋放入滚水中煮约2分钟，再取出放凉开水中冲凉，备用。
2. 将所有调料混合成酱汁备用。
3. 将皮蛋剥去蛋壳，切成4等份后放上醋姜片，淋上酱汁即可。可适当佐以其他凉拌菜食用。

关键提示 选购皮蛋时，要注意选蛋形正常、蛋壳完整无破裂损伤、蛋壳面平整紧密的。

雪菜拌干张

材料
雪菜120克，干张20张，冷水800毫升，碱粉1茶匙，红辣椒1/2个，热水300毫升

调料
A：鸡精1茶匙，盐1/2茶匙
B：盐1/4茶匙，糖1/4茶匙，香油1大匙

做法
❶ 先将冷水煮至70℃，倒入盆中，将碱粉调成碱水后，将干张放入碱水中浸泡至完全软化；然后用活水冲洗干净(无碱味)，沥干。雪菜洗净切小段，入沸水中略烫后捞起，沥干水分；红辣椒洗净切短丝。

❷ 将鸡精、盐及热水放入锅中煮开，放入干张，以小火煮约10分钟，捞出沥干，切段。

❸ 将干张、红辣椒丝、雪菜段与所有调料B一起拌匀即可。

鸡丝拉皮

材料
鸡胸肉1/2副，姜片30克，葱段10克，小黄瓜2根，粉皮2张，蒜头少许，红辣椒1/2条，凉开水50毫升

调料
酱油1/2茶匙，香油1茶匙，盐1/2茶匙，糖2茶匙，白醋1茶匙，芝麻酱2大匙，辣油1茶匙

做法
❶ 将鸡胸肉去皮洗净，放上姜片及葱段，放入蒸锅内蒸熟，然后趁热用刀身将肉拍松再撕成粗丝。小黄瓜洗净切丝，用盐腌5分钟后冲净沥干。蒜头、红辣椒洗净切末。粉皮泡软切长条，加入香油拌匀。芝麻酱加入凉开水化开，再加入其余调料搅拌均匀。

❷ 将粉皮置盘底，再把黄瓜丝放在粉皮上，最上层摆上鸡丝，再撒上蒜末、红辣椒末，淋上芝麻酱即可。

生菜虾松

材料
虾仁	300克
荸荠	100克
油条	30克
生菜	80克
葱末	10克
姜末	20克
芹菜末	10克
蛋清	3大匙

调料
盐	1小匙
胡椒粉	1/2小匙
料酒	1大匙
香油	1小匙
淀粉	1大匙
色拉油	适量

腌料
沙茶酱	1大匙

做法
1. 虾仁洗净切小丁，加入所有调料及蛋清抓匀，腌渍约5分钟后过油，备用。
2. 荸荠去皮洗净切碎，压干水分，备用。
3. 热锅，加入适量色拉油，放入葱末、姜末、芹菜末炒香，再加入虾丁、荸荠碎与沙茶酱拌炒均匀至熟，即为虾松。
4. 油条切碎、过油；生菜洗净，修剪成圆形片，备用。
5. 在生菜上铺好油条碎，装入炒好的虾松即可。

五味章鱼

材料
小章鱼200克，姜8克，蒜头10克，红辣椒1个

调料
番茄酱2大匙，陈醋1大匙，酱油1茶匙，糖1茶匙，香油1茶匙

做法
1. 把姜、蒜头、红辣椒洗净切末，再与所有调料和香油拌匀即为五味酱。
2. 小章鱼放入滚水中焯烫约30秒后，捞起装盘，食用时辅以五味酱即可。

盐焗虾

材料
虾200克，葱2根，姜25克，水100毫升

调料
盐1茶匙，料酒1大匙

做法
1. 把虾洗净后，剪掉长须、尖刺；葱洗净切段；姜洗净切片，备用。
2. 将葱段、姜片及所有调料放入锅中，煮至滚沸后加入虾，盖上锅盖，转中火焖煮约2分钟后关火，挑去葱段、姜片后，将虾捞出装盘即可。

关键提示 盐焗不是一般的焗烤，而是用盐水将食材焖煮至熟，这种方式更能保存食材的原味。

25

香辣肚丝

材料
猪肚300克，芹菜5棵，红辣椒1个，香菜2棵，蒜头5瓣

调料
A：料酒3大匙，盐1小匙
B：辣油3大匙，香油1大匙，白胡椒粉1小匙，
　　盐少许

做法
❶ 猪肚洗净，放入锅中，加入可没过猪肚的水量，再加入调料A，先以大火煮滚，再转小火煮约3个小时至软，再捞起切丝，备用。
❷ 芹菜、香菜、红辣椒、蒜头洗净，芹菜切段、焯烫；香菜切碎末；红辣椒切丝；蒜头切片，备用。
❸ 取容器，加剩余材料与调料B搅拌均匀即可。

彩椒蛋黄酿鱿鱼

材料
鱿鱼350克，咸鸭蛋黄碎2个，豆角丁20克，红甜椒10克，黄甜椒10克，牙签3支

调料
盐少许，白胡椒少许，香油1小匙

做法
❶ 鱿鱼先去头，再将内脏取出洗净沥干备用。
❷ 红甜椒、黄甜椒洗净切小丁备用。
❸ 取大容器，放入豆角丁、咸鸭蛋黄碎、红甜椒丁和黄甜椒丁混合均匀。
❹ 将拌好的材料慢慢填入鱿鱼内，再用牙签封口备用。
❺ 将封好的鱿鱼放入蒸锅中，以小火蒸约10分钟至熟，取出切片摆盘即可。

梅酱淋鱿鱼

📋 材料

鱿鱼	300克
姜片	30克
姜末	20克

🧂 调料

泰式梅酱	1大匙
鱼露	1小匙
柠檬汁	少许
料酒	1大匙

🍳 做法

1. 鱿鱼洗净去膜及内脏，切成约宽1厘米的鱿鱼圈。
2. 取锅水，加姜片、料酒，将水煮沸，将鱿鱼圈下锅焯烫约1分钟后取出，过冰水备用。
3. 将泰式梅酱加入姜末、鱼露拌匀。
4. 将鱿鱼圈置于盘内，淋上调好的泰式梅酱即可。食用时，可以加入少许柠檬汁，以增加香气。

泰式梅酱

材料： 腌渍梅子(市售罐装)10颗，水200毫升，辣椒粉1小匙，番茄酱1大匙，鱼露1小匙，糖1大匙，水淀粉少许

做法：
1. 将梅子取出去籽，碾成泥状备用。
2. 将水倒入炒锅中加热煮沸，再加入梅肉泥、辣椒粉、番茄酱、鱼露、糖，煮滚后用水淀粉勾芡即可。

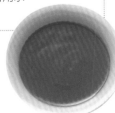

酸甜贻贝

📋 **材料**

贻贝10～15个，洋葱1/4个，柠檬1/2个，香菜少许

🥄 **调料**

泰式酸甜辣酱2大匙，番茄酱1大匙

🍳 **做法**

① 将洋葱洗净切末；柠檬挤汁备用。

② 贻贝用热水烫熟后，放在盘中摆开。

③ 将调料和做法1的材料拌匀，浇在贻贝上，用香菜点缀即可。

> **泰式酸甜辣酱**
>
> **材料：** 红辣椒3个，柠檬1个，水200毫升，糖3大匙，鱼露1大匙，水淀粉少许
>
> **做法：** 红辣椒洗净切碎备用。水倒入锅中加热煮沸，放入辣椒碎、糖、鱼露煮滚后，挤入几滴柠檬汁，用水淀粉勾芡即可。

粉丝蒸扇贝

📋 **材料**

扇贝4个，粉丝10克，蒜头8个，葱2根，姜20克，水2茶匙

🥄 **调料**

蚝油1茶匙，酱油1茶匙，糖1/4茶匙，料酒1大匙，色拉油20毫升

🍳 **做法**

① 把葱、姜、蒜头皆洗净切末，葱留少许切丝；粉丝泡冷水约15分钟至软化；扇贝挑去肠泥、洗净、沥干水分后，整齐排至盘上，备用。

② 在每个扇贝上铺少许粉丝，放上料酒及蒜末，放入蒸笼中以大火蒸5分钟至熟，取出，把葱末、姜末铺于扇贝上。

③ 热锅，加入色拉油烧热后，淋至葱末、姜末上，再将蚝油、酱油、水及糖煮开后淋上，撒上葱丝即可。

泰式酸辣雪贝

材料
雪贝15粒,生菜叶1片,蒜末20克,红辣椒末20克,
香菜末20克

调料
柠檬汁20毫升,鱼露50毫升,糖20克

做法
1. 将雪贝放入滚水中焯烫至熟取出,以冷开水冲凉、捞起沥干备用。
2. 将生菜叶洗净先铺于盘内备用。
3. 取料理盆,放入所有调料、蒜末、红辣椒末及香菜末搅拌混合成淋酱备用。
4. 将雪贝摆放于摆有生菜的盘中,再均匀淋上淋酱即可。

醋味拌鸭掌

材料
鸭掌350克,小黄瓜片、蒜末、葱末、红辣椒圈各适量

调料
盐少许

做法
1. 鸭掌洗净,放入滚水中焯烫,再捞起泡入冰水中,冰镇后将水分吸干,备用。
2. 取容器,先加入盐搅拌均匀,再加入鸭掌与其余材料一起搅拌均匀,腌渍约1个小时至入味即可。

关键提示 将鸭掌烫熟后再泡入冰水中,使其瞬间冷却,能让鸭掌吃起来更有弹性和嚼劲。

鲜果海鲜卷

材料

鱼肉	50克
鱿鱼肉	30克
去皮香瓜	50克
胡萝卜	20克
洋葱	20克
越南春卷皮	6张
水	6大匙
低筋面粉	2大匙
面包粉	适量

调料

盐	1/2茶匙
糖	1/4茶匙
蛋黄酱	2大匙
水淀粉	1大匙
色拉油	适量

做法

1. 香瓜、洋葱、胡萝卜洗净切小丁，备用。
2. 鱼肉、鱿鱼肉洗净切丁，汆熟沥干，备用。
3. 热锅，加入适量色拉油，放入洋葱丁以小火略炒，再加入3大匙水、鱼肉、鱿鱼肉、胡萝卜丁、所有调料（蛋黄酱除外）煮滚，再加入水淀粉勾浓芡后熄火，待凉冷冻约10分钟，再加入蛋黄酱及香瓜丁拌匀，即为鲜果海鲜馅料。
4. 低筋面粉中加入3大匙水调成面糊，备用。
5. 越南春卷皮蘸凉开水即取出，放入1大匙馅料卷起，整卷蘸上面糊，再均匀蘸裹上面包粉，放入油锅中以低油温中火炸至金黄浮起，捞出沥油后盛盘即可。

凉拌什锦菇

材料
柳松菇80克，金针菇80克，秀珍菇80克，珊瑚菇80克，杏鲍菇60克，红甜椒30克，黄甜椒30克，姜末10克

调料
盐1/4小匙，香菇精1/4小匙，糖1/2小匙，胡椒粉少许，香油1大匙，素蚝油1小匙

做法
1. 将所有菇类洗净沥干，将柳松菇、金针菇切段，杏鲍菇切片，珊瑚菇切小朵；红甜椒、黄甜椒洗净切长条，备用。
2. 取锅放入半锅水，煮沸后放入所有的菇烫约2分钟后捞出。
3. 将所有菇类、红甜椒条及黄甜椒条加入所有调料与姜末搅拌均匀至入味即可。

水果海鲜双盅

材料
柳橙4个，虾仁10个，鱼片180克，蒜头1个，奇异果1个，圣女果3个，香菜适量

调料
蛋黄酱2大匙，白胡椒粉少许

做法
1. 虾仁去肠泥洗净，鱼片洗净切大丁状，一起放入滚水中汆熟捞起备用。
2. 奇异果去皮切小丁；圣女果洗净切成四等份；香菜和蒜头洗净切碎备用。
3. 将柳橙横向切开，将果肉挖出，柳橙外壳保留备用。
4. 取大容器，将做法1、做法2、做法3(柳橙外壳保留着，当盛装容器)的所有材料和调料混合拌匀。
5. 将拌好的材料填入柳橙外壳中即可。

火腿三丝

材料
火腿80克, 金针菇60克, 胡萝卜50克, 小黄瓜1根

调料
盐1/4小匙, 鸡精少许, 糖少许, 黑胡椒粉1/4小匙, 香油1大匙

做法
1 将火腿洗净切丝; 金针菇洗净去蒂头; 胡萝卜洗净去皮切丝; 小黄瓜洗净去头尾切丝, 备用。

2 将金针菇、胡萝卜丝放入滚水中焯熟, 备用。

3 小黄瓜丝加入少许盐(调料外), 搅拌均匀腌约10分钟, 再次抓匀并用冷开水略冲洗, 备用。

4 取大碗, 装入所有材料及调料搅拌均匀即可。

苹果鸡丁

材料
鸡胸肉150克, 苹果1个, 小黄瓜1根, 胡萝卜50克, 蒜末5克

调料
A: 盐1/4小匙, 糖1小匙, 梅子醋1小匙, 香油少许, 鸡精1/4小匙
B: 料酒1小匙, 盐少许, 淀粉1/2大匙

做法
1 鸡胸肉洗净切丁, 加入调料B腌约10分钟入味。

2 苹果、小黄瓜、胡萝卜洗净各切丁, 小黄瓜加盐(调料外)略拌后, 腌约5分钟, 放入冰水中待凉后取出。

3 将胡萝卜丁放入沸水中焯烫约2分钟后捞出, 再放入鸡丁煮约2分钟后, 待肉色变白即熟后捞出, 泡入冰水中待凉, 捞出沥干水分备用。将所有材料加入调料A拌匀即可。

糟醉鸡片

鸡胸肉200克，小黄瓜1根，姜片20克，葱1根

酒酿汁4大匙，盐1/2茶匙，胡椒粉少许

1. 鸡胸肉洗净去皮；小黄瓜洗净去头尾，切片备用；葱洗净切段。
2. 煮一锅滚沸的水，放入姜片、葱段及鸡胸肉，以小火煮约15分钟，捞出鸡胸肉，待凉备用。
3. 鸡胸肉以斜刀切薄片，备用。
4. 将鸡胸肉薄片、小黄瓜片和所有调料一起拌匀，放入冰箱冷藏腌渍过夜即可。

葱油鸡丝豆芽

鸡胸肉100克，绿豆芽100克，韭菜10克，红甜椒丝15克，蒜头2瓣

A：淀粉1茶匙，盐1/6茶匙，料酒1茶匙，水1大匙，蛋清1大匙
B：酱油2大匙，水1大匙，红葱油1大匙，糖1茶匙

1. 鸡胸肉洗净切成长约4厘米的细丝，加入调料A拌匀，腌渍约3分钟；蒜头洗净切碎；韭菜洗净切小段与绿豆芽烫熟，备用。
2. 取适量水加热至约80℃后关火，放入鸡丝，搅散，待鸡丝变白并散开，烫熟备用。
3. 另取锅烧热，倒入红葱油，加入蒜碎炒香，加入酱油、水及糖煮开成酱汁，淋在鸡丝上，拌入绿豆芽、韭菜段和红甜椒丝即可。

芒果拌牛肉

材料
芒果1个，牛肉300克，洋葱1/2个，香菜2根，红辣椒1个

调料
酱油1小匙，糖1小匙，香油1大匙，黑胡椒粉少许，盐少许

腌料
淀粉1小匙，香油1小匙，盐少许，白胡椒粉少许

做法
1. 芒果去皮切条，洋葱洗净切丝，泡水去辛辣味，沥干水分；香菜及红辣椒皆洗净切碎，备用。
2. 牛肉洗净切成细条状，加入所有腌料腌渍约15分钟，放入滚水中汆熟，捞起放凉备用。
3. 将全部材料和所有调料一起拌匀即可。

花生米拌牛肉

材料
牛腱1个，蒜味花生米3大匙，葱花2大匙，葱1根，姜30克

调料
盐1茶匙，酱油1/2茶匙，糖1/4茶匙，香油1大匙，胡椒粉1/2茶匙，八角3颗，花椒1茶匙

做法
1. 葱洗净切段；姜洗净切片；蒜味花生米用刀背碾碎，备用。
2. 取一锅水(以能没过牛腱为准)，放入姜片、葱段、八角和花椒，煮至滚沸后放入洗净的牛腱，以小火煮约2个小时，捞出沥干水分，待凉备用。
3. 将牛腱切片，加入葱花及所有调料一起拌匀，食用前再加入蒜味花生米碎拌匀即可。

小黄瓜拌牛肚

🍱 材料

小黄瓜	2根
熟牛肚	200克
蒜头	3瓣
葱	1根
红辣椒	1个

🧂 调料

辣油	1大匙
香油	1大匙
酱油	1小匙
白胡椒粉	适量
盐	适量

📋 做法

1. 将小黄瓜洗净去籽切丝，放入沸水中略焯烫后，捞起泡入冰水(材料外)中，备用。
2. 熟牛肚切片；蒜头和葱洗净切末；红辣椒洗净切丝备用。
3. 取容器，加入所有的调料拌匀，再加入所有材料混合均匀即可。

虾仁沙拉

材料

什锦水果罐头 250克
虾仁 200克
香芹 1根

调料

蛋黄酱 2大匙
盐 少许
黑胡椒粉 少许
柠檬汁 1小匙

做法

❶ 将虾仁划开背部、去肠泥洗净，放入沸水中焯烫过水；什锦水果罐头打开并滤干水分、倒出果肉；香芹洗净切碎备用。

❷ 取容器加入所有调料，搅拌均匀成酱料备用。

❸ 将果肉、虾仁铺入盘中，再淋上酱料，撒上香芹碎即可。

酸辣芒果虾

材料
小黄瓜40克，红甜椒40克，芒果80克，虾仁10个

调料
辣椒粉1/6小匙，柠檬汁1小匙，盐1/6小匙，糖1小匙

做法
1. 将小黄瓜、红甜椒、芒果洗净切丁。
2. 虾仁烫熟后放凉备用。
3. 将所有材料放入碗中，加入所有调料拌匀即可。

五味鲜虾

材料
鲜虾12尾，小黄瓜50克，菠萝片60克

调料
五味酱4大匙

做法
1. 鲜虾去肠泥洗净；小黄瓜洗净后与菠萝片切丁，备用。
2. 煮一锅水至沸腾，将鲜虾下锅煮约2分钟至熟，取出冲水至凉，剥去虾头及虾壳备用。
3. 将鲜虾、小黄瓜及菠萝丁加入五味拌酱拌匀即可。

> **五味酱**
>
> **材料：** 葱15克，姜5克，蒜头10克，陈醋15克，糖35克，香油20克，酱油膏40克，辣椒酱30克，番茄酱50克
>
> **做法：** 1. 将蒜头洗净磨成泥；姜洗净切成细末；葱洗净切成葱花，备用。
> 2. 将葱、姜、蒜及其余材料混合拌匀至糖溶化，即成五味酱。

酸辣鱿鱼

🦑 **材料**
鲜鱿鱼150克, 番茄50克, 香菜叶10克, 洋葱丝30克

🧂 **调料**
泰式酸辣酱3大匙

🍳 **做法**

❶ 所有材料洗净, 番茄切片, 洋葱去皮切丝, 鲜鱿鱼去掉外膜, 内侧切花刀再切小块。

❷ 煮一锅水至沸腾, 放入鲜鱿鱼焯烫约1分钟, 捞起沥干放凉备用。

❸ 将所有材料加入泰式酸辣酱拌匀即可。

泰式酸辣酱

材料: 红辣椒15克, 蒜头20克, 糖20克, 鱼露50毫升, 柠檬汁40毫升

做法: 1. 将红辣椒、蒜头切成碎备用。
2. 将所有材料混合拌匀即可。

凉拌芹菜鱿鱼

🦑 **材料**
鱿鱼200克, 芹菜150克, 黄椒30克, 蒜末10克, 红辣椒丁10克, 开水2大匙

🧂 **调料**
香油1大匙, 淡酱油1小匙, 糖1/2小匙,
鸡精1/2小匙, 白醋1/2小匙

🍳 **做法**

❶ 鱿鱼洗净切段; 芹菜洗净撕去粗纤维, 切段; 黄椒洗净切丝, 备用。

❷ 将芹菜段、黄椒丝、鱿鱼条分别放入沸水中烫熟后, 捞出放入冰水中备用。

❸ 所有调料混合后, 连同蒜末、红辣椒丁拌匀, 即成酱料。

❹ 将芹菜段、黄椒丝、鱿鱼条, 捞出沥干水分, 放入盘中, 淋上酱料即可。

呛辣蛤蜊

材料
蛤蜊20个，芹菜丁30克，蒜碎5克，香菜碎10克，红辣椒碎10克

调料
鱼露50毫升，糖15克，辣椒酱20克，盐适量，柠檬汁20毫升，橄榄油20毫升

做法

① 蛤蜊洗净，放入冷水中浸泡约半天至吐沙完毕，随后放入滚水中焯烫至口略开即捞起。

② 将所有调料与红辣椒碎、蒜碎、香菜碎、芹菜丁、柠檬汁及橄榄油一起拌匀成淋酱，淋在蛤蜊上拌匀即可。

关键提示 料理蛤蜊最怕就是吐沙不完全，如果泡清水吐沙时在水中放少许盐，效果会更好，其间就不需要频繁换水。

洋葱拌鲔鱼

材料
罐头鲔鱼1个，洋葱1个

调料
盐1/2小匙，柠檬汁1/2小匙，黑胡椒粒少许

做法

① 洋葱洗净，切丝，放入冰水中抓捏后沥干水分，备用。

② 鲔鱼、洋葱丝和所有调料拌匀即可食用。

关键提示 生洋葱辣味重，切丝后泡入冰开水中，可冲淡辣味，且泡过水的洋葱口感更甜更脆。

辣豆瓣鱼皮丝

材料
鱼皮250克，洋葱1个，香菜3根，葱1根，
红辣椒1个

调料
香油1大匙，辣油1大匙，辣豆瓣酱1小匙，
糖1小匙，白胡椒粉少许

做法
1. 将鱼皮洗净放入滚水中焯烫，捞起后泡水
   冷却，沥干备用。
2. 将洋葱、红辣椒、葱洗净切丝，香菜洗净
   切碎备用。
3. 取容器加入所有调料，再加入所有材料，
   略为搅拌即可。

洋葱水晶鱼皮

材料
A: 鱼皮200克
B: 洋葱50克，红甜椒50克，黄甜椒50克，
   青甜椒50克

调料
鱼露2大匙，陈醋1大匙，酱油1大匙，香油1大匙，
糖1大匙，综合香料5克

做法
1. 鱼皮洗净，放入沸水中焯烫，捞出放入冰
   水冰镇至凉，沥干备用。
2. 将材料B的材料洗净切成细条状，放入冰水
   冰镇10分钟，沥干备用。
3. 将所有调料放入容器中，搅拌均匀。
4. 再加入所有材料充分拌匀即可。

糖醋圆白菜丝

材料
圆白菜丝150克，胡萝卜丝60克，葱丝10克

调料
A：盐1/4大匙
B：白醋3大匙，糖2大匙，香油1/2大匙

做法
1. 将圆白菜丝、胡萝卜丝及盐一起拌匀，腌约15分钟，再倒掉盐水，沥干备用。
2. 将调料B拌匀，加入做法1材料一起拌匀腌入味，最后再加入葱丝拌匀即可。

关键提示 　　生菜都带有少许的涩味，以盐腌渍涩水会释出，用凉开水略冲洗后即可去除涩味，可让生菜更可口。

味噌蟹脚肉

材料
蟹脚肉200克，玉米笋40克，小黄瓜40克，熟白芝麻少许

调料
和风味噌酱适量

做法
1. 蟹脚肉洗净加入调料抓匀，腌渍约10分钟，备用。
2. 玉米笋洗净切块；小黄瓜洗净切块，加少许盐(材料外)抓匀腌10分钟，备用。
3. 煮一锅水至滚，依序放入蟹脚肉和玉米笋块焯烫至熟，捞出冷却备用。
4. 取蟹脚肉、玉米笋块、小黄瓜块盛盘拌匀，淋上适量和风味噌酱，再撒上熟白芝麻即可。

橘汁拌蟹丝

材料
蟹肉棒60克，金针菇50克，胡萝卜25克，
香菜叶10克

调料
橘汁辣拌酱2大匙

做法
1. 将胡萝卜洗净去皮切丝，与金针菇一起放入沸水中焯烫约半分钟，取出用凉开水冲凉后沥干备用。
2. 蟹肉棒剥丝，与香菜叶及其余材料加入橘汁辣拌酱一起拌匀即可。

> **橘汁辣拌酱**
> **材料：** 甜辣酱50克、客家橘酱100克、糖10克、香油30毫升、姜末15克
> **做法：** 所有材料混合拌匀至糖溶化即可。

咸酥溪虾

材料
溪虾300克，葱2根，红辣椒1个，蒜头5个

调料
盐1/2茶匙，鸡精1/2茶匙，食用油适量

做法
1. 溪虾洗净沥干，用厨房纸巾略擦干水分；葱洗净切花；红辣椒、蒜头切碎备用。
2. 取锅，放入食用油烧热至约180℃时，放入溪虾炸约30秒至表皮酥脆即起锅，沥干油脂。
3. 另外热锅，加入少许食用油，以小火爆香葱花、蒜碎、红辣椒碎，放入溪虾、所有调料，以大火快速翻炒至匀即可。

关键提示 炸虾时，火要旺，食用油要够（油量约是溪虾的3倍食用）炸出来的虾壳才会酥脆，一咬就碎。

PART 2

美味宴客主菜

只要运用一些简单的烹调技巧，发挥个人摆盘上的创意，
要在家中做出一桌丰富美味的宴客料理并非难事，
不仅能让料理看起来体面，尝起来美味，
而且操作起来更是事半功倍。

冰糖卤肉

材料
五花肉400克, 葱30克, 姜20克, 上海青200克, 水1000毫升

调料
A: 酱油100毫升, 冰糖3大匙, 绍酒2大匙
B: 水淀粉1大匙, 香油1茶匙

做法
1. 五花肉洗净, 放入滚水中焯烫约2分钟, 捞出沥干水分; 葱洗净切段, 姜洗净拍松, 二者放入锅底, 再放入五花肉, 加入调料A以大火煮开, 转小火炖煮约1个小时, 待汤汁略收干后关火, 挑除葱段和姜后倒入碗中, 放入蒸笼蒸约1个小时后关火备用。
2. 上海青洗净, 菜叶尾部对切, 烫熟后铺在盘底, 放上蒸好的五花肉。将碗中的汤汁煮开后用水淀粉勾芡, 加入香油调匀后淋在五花肉上即可。

香卤蹄髈

材料
猪蹄髈1个, 上海青3棵, 姜块30克, 葱段2根, 卤包1个, 水800毫升

调料
酱油150毫升, 糖3大匙, 绍酒5大匙, 食用油适量

做法
1. 先将猪蹄髈洗净, 放入滚水中焯烫去除血水, 再涂少许酱油放凉。
2. 将猪蹄髈放入锅中, 以中油温(160℃)炸至上色。
3. 取锅, 将姜块、葱段、水和剩余调料放入锅中煮至滚, 再将炸过的猪蹄髈放入, 以小火煮约1个半小时后取出装盘。
4. 上海青放入滚水中焯烫, 再放至做法3的盘边装饰, 最后于猪蹄髈上淋上卤汁即可。

红烧狮子头

🥘 材料
猪绞肉	500克
荸荠	80克
大白菜	适量
姜	300克
葱白	2根
水	50毫升
鸡蛋液	1颗

🧂 调料
绍酒	1茶匙
盐	1茶匙
酱油	1茶匙
糖	1大匙
淀粉	2茶匙
水淀粉	3大匙
食用油	适量

🫕 卤汁
姜片	3片
葱	1根
水	500毫升
酱油	3大匙
糖	1茶匙
绍酒	2大匙

📋 做法
1. 将荸荠去皮洗净切末；姜去皮洗净切末，葱白洗净切段，加水打成汁后过滤去渣。
2. 猪绞肉与盐混合，摔打搅拌至呈胶黏状，再依次加入做法1的材料、调料（淀粉、水淀粉和食用油除外）和蛋液，搅拌摔打。随后加入淀粉拌匀，再均匀分成7颗肉丸。
3. 备一锅热油，手蘸取水淀粉再均匀地裹在肉丸上，将肉丸放入油锅中炸至表面呈金黄后捞出。
4. 取锅，先放入所有卤汁材料，再将炸过的肉丸加入，以小火炖煮1个小时。最后将大白菜洗净，放入滚水中焯烫，再捞起沥干，放入锅中，摆上肉丸即可。

蒜泥白肉

材料
五花肉500克

调料
蒜泥酱适量

做法

① 五花肉洗净，整块放入滚水中，煮滚后转小火，盖上锅盖再煮15分钟后关火，焖30分钟后再取出。

② 将煮熟的五花肉取出，切成片状后盛盘，食用时搭配蒜泥酱蘸食即可。

> **蒜泥酱**
>
> **材料**：蒜头6瓣，葱1根，姜10克，酱油3大匙，糖1小匙，香油1小匙
>
> **做法**：蒜头、葱、姜切碎末，再加入其余材料一起搅拌均匀，即为蒜泥酱。

橙汁肉片

材料
厚肉片200克，橙子3个

调料
盐1/4茶匙，白醋1大匙，糖2茶匙，水淀粉1茶匙，色拉油适量

腌料
盐1/2茶匙，料酒1茶匙，酒1/2茶匙，鸡蛋液2大匙，淀粉1大匙

做法

① 取2个橙子榨汁、去渣，再与盐、白醋和糖拌匀，即为橙汁。另1个橙子，一半切成半圆片置盘围边，另一半橙皮刨细丝。

② 肉片加入所有腌料拌匀，静置约20分钟。

③ 热锅，加入2大匙色拉油，放入肉片，双面各煎约2分钟后盛出。橙汁入锅煮滚，加入水淀粉勾芡，再放入肉片和橙皮丝炒匀，盛入围边的盘内即可。

东坡肉

材料
五花肉200克，姜7克，葱1根，红辣椒1/3个，棉绳50厘米，水700毫升

调料
酱油5大匙，糖1大匙，香油1小匙，番茄酱1大匙，盐少许，白胡椒粉少许

做法
1. 将五花肉洗净切成约宽5厘米的正方形。用棉绳将五花肉交错绑成十字状。
2. 取锅倒入半锅水煮至滚沸，放入绑好的五花肉焯烫至变色，捞起沥干备用。
3. 将姜、红辣椒洗净切片；葱切段后，放入烧热的锅中炒香。
4. 加入所有调料、水和肉块烹煮。
5. 盖上锅盖，以中小火焖煮约35分钟至汤汁略收即可。

梅菜扣肉

材料
A：五花肉500克，梅菜250克，香菜叶少许
B：蒜碎5克，姜碎5克，辣椒碎5克

调料
A：鸡精1/2小匙，糖1小匙，料酒2大匙
B：酱油2大匙，食用油适量

做法
1. 梅菜用水泡约5分钟后，洗净切小段。
2. 热锅，加入2大匙色拉油，爆香材料B，再放入梅菜段翻炒，并加入调料A炒匀盛出。
3. 五花肉洗净切片，放入沸水中焯烫约20分钟，取出待凉后切片，再用酱油拌匀腌约5分钟，随后放入锅中炒香。
4. 取扣碗，排入五花肉片，再放上梅菜，放入蒸笼蒸2小时，取出倒扣于盘中，加少许香菜叶即可。

关键提示 梅菜扣肉是一道有名的客家菜，梅菜的酸咸香味充分融入猪肉中，风味甘醇诱人。此外，选购梅菜时，香味越浓的品质越佳，以捆成一扎一扎且摸起来有弹性、不太湿的梅菜较佳。

稻草扎肉

🍲 材料
五花肉500克, 粽叶10张, 咸草20条, 水500毫升, 姜片30克, 葱段10克

🍶 调料
酱油3大匙, 盐1/2茶匙, 糖1.5大匙, 料酒50毫升

📋 做法
1. 先将粽叶及咸草泡入水中至湿润软化。
2. 五花肉成切四方块。
3. 将五花肉块用粽叶卷起, 再捆上咸草。
4. 取锅, 放入水、姜片、葱段、所有调料和捆好的五花肉, 一起炖煮2个小时即可。

蛤蜊元宝肉

🍲 材料
猪绞肉200克, 大蛤蜊10个, 葱白泥1茶匙, 姜泥1茶匙

🍶 调料
盐1/4茶匙, 糖1/4茶匙, 胡椒粉1/4茶匙, 香油1/2茶匙, 淀粉1茶匙

📋 做法
1. 将吐过沙的大蛤蜊洗净, 用小刀从侧面较短处剥开, 取出蛤蜊肉后保留壳, 再将蛤蜊肉剁碎。
2. 猪绞肉与所有调料混合, 搅拌至呈胶黏状, 加入蛤蜊肉、姜泥、葱白泥、淀粉拌匀成馅料。
3. 将馅料挤成小丸状, 并在表面蘸少许干淀粉(材料外), 放在蛤蜊壳上, 手蘸水涂平表面。
4. 将肉丸连蛤蜊壳一起放入蒸锅中, 以中火蒸约7分钟即可。

香酥鸭

材料

鸭	半只
姜片	4片
葱段	10克

调料

盐	1大匙
八角	4个
花椒	1茶匙
五香粉	1/2茶匙
糖	1茶匙
鸡精	1/2茶匙
料酒	3大匙
椒盐粉	适量
食用油	适量

做法

1. 将鸭洗净擦干备用。
2. 将盐放入锅中炒热后，关火加入调料（料酒、椒盐粉、食用油除外）拌匀成酱汁。
3. 将酱汁趁热涂抹鸭身，静置30分钟，再淋上料酒，放入姜片、葱段蒸2个小时后，取出沥干放凉。
4. 将鸭肉放入180℃的油锅内，炸至金黄后捞出沥干，最后去骨切块，蘸椒盐粉食用即可。

关键提示　　鸭肉不蘸调料本身就有味道，香酥鸭要好吃，除了需炸得香酥，秘诀还在于先用干锅炒盐和花椒为主的调料，炒香后抹在鸭身再料理，味道更香。

黑椒牛排

🍲 材料

牛肩里脊　2块
(300克)
洋葱　　　1/2个

🥣 调料

A1酱　　　1大匙
番茄酱　　1.5大匙
蚝油　　　1茶匙
盐　　　　1/4茶匙
糖　　　　2大匙
陈醋　　　1茶匙
食用油　　适量
鸡蛋液　　1大匙

🧂 腌料

盐　　　　1/2茶匙
糖　　　　1/4茶匙
黑胡椒粉　1茶匙
酱油　　　1/2茶匙
淀粉　　　2茶匙

🥬 蔬菜汁

水　　　　100毫升
蒜头　　　3粒
姜　　　　20克调
香菜根　　2棵
胡萝卜　　20克
红葱头　　5颗
红辣椒　　1/4条

🍳 做法

① 将牛肩里脊洗净略拍松；洋葱洗净切丝。

② 蔬菜汁材料放入果汁机中打成汁，再过滤去渣留50毫升汁。所有腌料加入蔬菜汁中，再放入牛肩里脊，用筷子不断搅拌至水分吸收。

③ 取平底锅，加入少量食用油，放入牛肩里脊，以小火将两面各煎2分钟取出。随后放入洋葱丝，以小火炒软后加入所有调料炒至滚，再加入煎好的牛肩里脊及50毫升水（分量外），以小火将牛肩里脊两面煎煮2分钟即可。

蒜香蒸排骨

材料

猪小排300克，小苏打粉1茶匙，蒜头30克

调料

盐1茶匙，糖2茶匙，酱油1/4茶匙，淀粉1大匙，胡椒粉1/4茶匙，色拉油2大匙

做法

1. 猪小排洗净剁成小块放入容器中，加水没过猪小排表面，拌入小苏打粉泡2个小时。
2. 将猪小排块冲水1个小时后沥干。
3. 蒜头洗净切碎，用2大匙色拉油以小火炸至金黄后滤出成蒜酥和蒜油备用。
4. 将猪小排、所有调料、淀粉用筷子不断混合搅拌约3分钟，加入一半的蒜酥及蒜食用油轻拌匀。
5. 将拌好的猪小排放入锅内，以中火蒸约10分钟后取出，撒上另外一半的蒜酥即可。

荷叶蒸排骨

材料

猪小排300克，荷叶1张，酸菜150克，红辣椒1个，葱花适量，蒸肉粉1包(小)

调料

糖1小匙，酱油1大匙，料酒1大匙，香油1小匙

做法

1. 将猪小排以活水冲泡约3分钟，切块备用；荷叶洗净，放入沸水中烫软捞出，刷洗干净后擦干。
2. 取出猪小排，加入所有调料及蒸肉粉拌匀腌约5分钟。酸菜洗净，浸泡冷水约10分钟后切丝。
3. 红辣椒洗净切片，加入蒸肉粉中拌匀。
4. 将荷叶铺平，放入一半猪小排后，放上酸菜丝，再放上剩余的猪小排，将荷叶包好后，放入蒸笼蒸约25分钟取出，撒上葱花即可。

五香煎猪排

材料
猪里脊排4片，鸡蛋1个

调料
盐1.5茶匙，酱油1茶匙，料酒2茶匙，糖2茶匙，
胡椒粉1/4茶匙，香油1/2茶匙，淀粉1大匙，
五香粉1/2茶匙，食用油少许

蔬菜汁
水100毫升，蒜头3瓣，姜20克，香菜根5克，
胡萝卜20克，红葱头5个，红辣椒5克

做法
1. 先将猪里脊排洗净略拍松断筋。
2. 所有蔬菜汁材料打成汁，过滤后留汁60毫升，加入调料和鸡蛋拌匀，放入猪里脊排并不搅拌至水分吸收。
3. 猪里脊排中加入淀粉拌匀，静置约半个小时。
4. 取平底锅，加入少量食用油，将猪里脊排放入，以小火将两面各煎约3分钟至熟即可。

葱烧排骨

材料
猪腩排(五花排)500克，葱15根，水500毫升

调料
酱油4大匙，糖4大匙，绍酒3大匙，食用油少许

做法
1. 猪腩排洗净剁成4厘米长条状；葱洗净切三段，备用。
2. 将猪腩排块泡水30分钟，再放入滚水中焯烫去除血水脏污。
3. 取锅，锅内倒入少许食用油，将葱段炒至略焦后放入猪腩排块、水和所有调料，以小火慢煮约1个小时后盛盘，再放上适量焯烫过的西蓝花(材料外)即可。

红烧牛肉

📋 材料

牛肉400克，姜末1茶匙，红葱末1茶匙，蒜末1/2茶匙，上海青80克，水500毫升

🍶 调料

A：豆瓣酱1茶匙，料酒1大匙，色拉油2大匙
B：蚝油2茶匙，糖2茶匙，盐1/4茶匙

🍴 做法

1. 牛肉放入滚水中，以小火焯烫约10分钟后捞出，冲凉剖开，再切2厘米厚块，备用。
2. 热锅，加入2大匙色拉油，放入姜末、红葱末、蒜末以小火炒香，再加入豆瓣酱、料酒、牛肉，以中火炒匀约3分钟，接着加入水以小火煮约15分钟，再加入调料B拌匀，加盖煮10分钟烧煮入味。
3. 上海青洗净、对剖去头尾，放入滚水中焯烫后捞起盛盘围边，中间再放入煮好的牛肉即可。

关键提示　炒牛肉时不能将水与调料一起入锅，要先将豆瓣酱、料酒与牛肉炒入味之后，才能再加入水烧煮，这样煮才会有香气散出，同时肉才能更入味更好吃。

贵妃牛腩

📋 材料

牛肋条500克，姜片50克，蒜头10瓣，葱段3根，水500毫升，上海青1颗

🍶 调料

料酒5大匙，辣豆瓣1大匙，番茄酱3匙，糖2大匙，蚝油2茶匙，八角3个，桂皮15克，食用油3大匙

🍴 做法

1. 牛肋条洗净切成约6厘米的长段，焯烫洗净。
2. 取锅，锅内加入食用油，放入姜片、蒜头、葱段，略炸成金黄色后放入辣豆瓣略炒。
3. 加入牛肋条段、八角、桂皮，炒2分钟后加水和其余调料，以小火烧至汤汁微收，即可盛盘。
4. 将上海青洗净对切，放入滚水中略烫，再捞起放置盘边即可。

三杯鸡

材料
土鸡 1/4只
老姜 100克
蒜头 40克
罗勒 50克
红辣椒 1/2匙

调料
胡香油 2大匙
料酒 5大匙
酱油 3大匙
糖 1.5大匙
鸡精 1/4茶匙
色拉油 适量

腌料
盐 1/4茶匙
酱油 1茶匙
糖 1/2茶匙
淀粉 1茶匙

做法
1. 老姜去皮、洗净切片；蒜头去皮洗净、切去两头；罗勒挑去老梗、洗净；红辣椒洗净对剖、切段；鸡肉剁小块、洗净沥干，加入所有腌料拌匀。

2. 热锅，加入适量色拉油，放入姜片及蒜头分别炸至金黄后盛出。再将鸡肉放入锅中，煎至两面金黄后盛出沥油。

3. 锅洗净加热，放入胡香油，加入姜片、蒜头炒香，再加入其余调料及鸡肉翻炒均匀。转小火、盖上锅盖，每2.5分钟开盖翻炒一次，炒至汤汁收干，起锅前加入罗勒、红辣椒片，略微翻炒即可。

葱油鸡

材料
土鸡1/2只，葱3根，姜1小块，红辣椒1个

调料
盐1大匙，鸡精1小匙，胡椒粉1/2小匙，料酒适量，食用油适量

做法
1. 所有材料洗净，葱少许切丝，其余切段；姜少许切丝，其余切片，红辣椒切丝，土鸡汆烫过冷水沥干。
2. 热一锅水(约没过鸡肉5厘米)，加入葱段、姜片及料酒，煮至沸腾后，放入土鸡肉，待水再度沸腾后熄火焖约30分钟。
3. 将土鸡肉捞出趁热抹上盐、鸡精、胡椒粉后放凉，切成块排盘，再放上葱丝、姜丝及红辣椒丝。
4. 热锅，放入适量油烧至沸腾后，淋在葱、姜、红辣椒丝上即可。

贵妃鸡

材料
熟土鸡1只，蒜头10克，姜20克，洋葱1/4个，葱1根，虾米20克，干贝10克，香菇4朵，水3000毫升

调料
盐2大匙，鸡精1大匙，糖1茶匙，料酒1大匙，草果3个，甘草3克，八角6个，山奈片6克，食用油少许

做法
1. 蒜头、姜洗净切碎；洋葱洗净切小片；葱洗净切段；虾米以清水冲洗干净备用。
2. 热油锅，放入姜、蒜碎炒香，再放入虾米爆香，再加入其余材料(鸡肉除外)小火煮1个小时；再加入所有调料拌匀，以中火再次煮沸，熄火放凉。
3. 将熟土鸡整个放入卤汁内浸泡约6个小时至入味，食用前取出剁块摆盘即可。

鲍鱼扒凤爪

📋 **材料**
贵妃鲍(或罐头鲍鱼)1个,粗鸡脚10只,姜2片,
葱2根,高汤300毫升,上海青2棵

🫙 **调料**
蚝油2大匙,盐1/4茶匙,糖1/2茶匙,绍酒1大匙

🍳 **做法**
① 先将鲍鱼洗净切片备用;粗鸡脚剁去指尖洗
净;葱、姜洗净切碎。
② 取锅,倒入约一碗食用油烧热,将粗鸡脚
炸至表面呈现金黄色后捞出沥油。
③ 将鸡脚、高汤、所有调料、姜和葱放入锅
中,以小火煮至鸡脚软后捞出排盘。
④ 将鲍鱼片放入汤汁内煮滚,捞起鲍鱼片排
放至鸡脚上,再将汤汁勾芡淋至鲍鱼上。
⑤ 上海青放入滚水中焯烫至熟,再捞起放至
盘上围边装饰即可。

白斩鸡

📋 **材料**
土鸡1只(约1500克),姜片3片,葱段10克

🫙 **调料**
料酒1大匙

🥣 **蘸酱**
素蚝油50克,酱油少许,糖少许,香油少许,
蒜末少许,辣椒末少许

🍳 **做法**
① 土鸡洗净、去毛,放入沸水中焯烫,再捞出沥
干,重复上述做法3～4次后,取出沥干。
② 将整只鸡放入装有冰块的盆中,待外皮冰镇
冷却后再放回原锅中,加入料酒、姜片及葱
段,以中火煮约15分钟后熄火,盖上盖续焖
约30分钟。熟后取出,待凉后剁块盛盘。
③ 取150毫升鸡汤,加入其余蘸酱调匀,食用
鸡块时蘸酱即可。

关键提示 鸡肉切块时,若要切面美观完
整,需放冷后再切。若不急着食用,
可将鸡肉先放进冰箱略冷藏,鸡皮受
热胀冷缩影响会变得比较脆,切口也
会比较好看。

花雕蒸全鸡

🍲 材料

土鸡	1只
洋葱丝	100克
葱段	1根
姜片	6片
红葱头	30克

🫙 调料

盐	1大匙
糖	1茶匙
花雕酒	300毫升

📋 做法

① 将土鸡从背部剖后开洗净备用。取容器，放入洋葱丝、葱段、姜片、红葱头和所有调料，用手抓匀出香味。

② 将土鸡用调好的材料抹匀,放入冰箱静置3个小时。

③ 取盘，放入土鸡入锅蒸约50分钟。

④ 取出装盘放凉，吃时剁小块即可。

百花酿鸡腿

材料
去骨鸡腿2支,猪绞肉150克,虾仁150克,葱末少许,姜末1/2小匙,淀粉少许,葱姜酒水(适量葱、姜、料酒、水一起煮沸)适量

调料
盐、胡椒粉各少许,蛋清1/3个,料酒1/2小匙

做法
1. 鸡腿洗净,去骨断筋,用葱姜酒水腌约20分钟,擦干水分,撒上一层淀粉。
2. 虾仁去除肠泥洗净,与猪绞肉一起剁成泥,加入葱末、姜末与所有调料拌成虾馅。
3. 将虾馅均匀地涂在去骨鸡腿上,放入蒸笼中蒸约25分钟后,取出放凉。
4. 放入约半锅食用油烧热至180℃,再放入鸡腿,炸至表面呈金黄酥脆,捞起沥油,切块摆盘即可。

菠萝虾球

材料
虾8只,菠萝100克,生菜80克

调料
蛋黄酱4大匙,现榨柠檬汁1.5大匙,糖1茶匙,盐1/2茶匙,淀粉1大匙

腌料
盐1/4茶匙,白胡椒粉1/8茶匙,香油1/4茶匙

做法
1. 虾去壳,从背部剖开,去肠泥后以1茶匙盐(分量外)抓洗,冲水后沥干,加入所有腌料稍加腌渍;生菜和菠萝分别洗净切小块。
2. 虾裹上淀粉,以中火炸约3分钟后捞出。所有调料拌匀,将生菜和菠萝丁混匀,铺至盘底,将虾放至盘上即可。

干煎虾

📋 **材料**
明虾8只，蒜末1茶匙，姜末1/2茶匙，葱花1大匙，红辣椒末1/2茶匙，水60毫升

🍶 **调料**
酱油1茶匙，番茄酱1.5大匙，辣椒酱1大匙，糖1.5大匙，盐1/4茶匙，陈醋1大匙，淀粉1茶匙，色拉油2大匙

📖 **做法**
1. 将虾从背部剖开，挑去泥肠后洗净加入淀粉拌匀。
2. 热油(分量外)，将虾以大火炸至表面酥脆。
3. 热锅，倒入2大匙色拉油，放入蒜末、姜末、红辣椒末和葱花炒香，再加入辣椒酱炒香后放入其余调料和水，再将虾放入，以中火煮至汤汁收干即可。

关键提示 将虾的背部先划刀再烹煮，不仅较容易让虾肉吸收汤汁入味，而且使客人在食用时也较方便剥除虾壳。

红烧海参

📋 **材料**
海参2个，鹌鹑蛋10个，虾米1茶匙，葱段20克，蒜末1/2茶匙，高汤300毫升，胡萝卜片20克，甜豆10条

🍶 **调料**
豆瓣酱1茶匙，蚝油1大匙，盐1/4茶匙，糖1/2茶匙，酒1茶匙，香油1茶匙，水淀粉1大匙，食用油少许

📖 **做法**
1. 先将海参洗净，切长条状后放入滚水中焯烫，再捞起沥干备用。
2. 取锅，加入少许食用油，放入虾米、葱段、蒜末爆香，炒约1分钟后放入豆瓣酱略炒，再加入高汤、海参和其余调料，以小火煮约10分钟。
3. 于锅中捞掉葱段，放入鹌鹑蛋、胡萝卜片煮约3分钟后加入甜豆煮熟，再以水淀粉勾芡即可。

砂锅鱼头

🐟 材料

鲢鱼头	1/2个
板豆腐	1块
芋头	200克
包心白菜	1个
葱段	30克
姜片	10克
蛤蜊	8个
豆腐角	10个
黑木耳片	30克
水	1000毫升

🧂 腌料

盐	1茶匙
糖	1/2茶匙
淀粉	3大匙
鸡蛋	1个
胡椒粉	1/2茶匙
香油	1/2茶匙

🧂 调料

盐	1/2茶匙
蚝油	1大匙

📋 做法

1. 将腌料混合拌匀,均匀地涂在鲢鱼头上。随后将鲢鱼头放入油锅中,炸至表面呈金黄色后捞出沥油。

2. 芋头去皮洗净切长方块,蛤蜊吐沙洗净。

3. 板豆腐和芋头分别放入油锅中,以小火炸至表面呈金黄色后捞出沥油。

4. 包心白菜洗净,切成大片后放入滚水中焯烫,再捞起沥干放入砂锅底。

5. 砂锅中依序放入鲢鱼头、葱段、姜片、豆腐角、黑木耳片、炸过的芋头块,加入水和所有调料,煮约12分钟,续加入蛤蜊煮至开壳即可。

葱香黄鱼

🐟 **材料**

大黄鱼1尾，葱100克，高汤600毫升

🍯 **调料**

酱油4大匙，糖3大匙，绍酒5大匙，食用油5大匙

🍲 **做法**

1. 将黄鱼洗净，两面各划3刀；葱洗净后切成长约5厘米的段。

2. 取锅，加入5大匙食用油烧热，放入黄鱼，将两面各煎至酥脆后盛出。

3. 于锅中放入葱段，以小火炸至葱段表面呈现金黄色后加入糖，以微火略炒约3分钟至香味散出。

4. 于锅中加入其余调料，放入黄鱼，以小火烧至汤汁浓稠即可。

五更肠旺

🐟 **材料**

鸭血1块，熟肥肠1条，酸菜30克，蒜苗1根，姜5克，蒜头2瓣，花椒1/2小匙，高汤200毫升

🍯 **调料**

辣椒酱2大匙，糖1/2小匙，白醋1小匙，香油1小匙，水淀粉1小匙，色拉油2大匙

🍲 **做法**

1. 所有材料洗净，鸭血切菱形块，熟肥肠切斜段，酸菜切片，一起焯烫后沥干；蒜苗切段，姜、蒜头去皮切片备用。

2. 热锅，倒入2大匙色拉油，以小火爆香姜片、蒜片，加入辣椒酱及花椒，以小火拌炒至色拉油变红、炒出香味后倒入高汤。

3. 待高汤煮至滚沸，加入鸭血块、熟肥肠段、酸菜、糖以及白醋，转至小火煮滚约1分钟后用水淀粉勾芡，淋上香油摆入蒜苗段即可。

虾味粉丝煲

材料

虾	10尾
粉丝	1把
姜片	3克
蒜片	2个
洋葱丝	1/3个
红辣椒片	1/2个
猪绞肉	50克
上海青	2棵
面粉	10克
水	400毫升

调料

调料	用量
沙茶酱	2大匙
白胡椒粉	少许
盐	少许
糖	1小匙

做法

1. 虾洗净；粉丝泡入冷水中软化后沥干，备用。

2. 起油锅，以中火烧至油温约190℃，将虾裹上一层薄薄的面粉后，放入油锅炸至外表呈金黄色时捞出沥油备用。

3. 另起炒锅，倒入1大匙食用油烧热，放入姜片、蒜片、洋葱丝、红辣椒片及猪绞肉以中火爆香后，加入其余调料、粉丝、虾和上海青，以中小火煮约8分钟即可。

糖醋鱼块

🐟 材料
七星鲈鱼	1/2尾		
洋葱	50克		
红椒	20克		
青椒	20克		
水	2大匙		

🥣 调料
糖	2大匙
白醋	2大匙
番茄酱	1大匙
盐	1/8茶匙
水淀粉	1/2茶匙

🧂 腌料
盐	1/4茶匙
胡椒粉	1/8茶匙
香油	1/2茶匙

🥡 裹粉料
水淀粉	2大匙
蛋液	2大匙
干淀粉	适量

📋 做法
1. 七星鲈鱼洗净去骨，取半边的鱼肉，将鱼肉切小块，加入所有腌料拌匀静置约5分钟，备用。
2. 青椒、红椒、洋葱洗净切三角块，备用。
3. 将鱼块加入裹粉料的1大匙淀粉及蛋液拌匀混合后，再蘸上干淀粉，备用。
4. 热锅，加入半碗食用油，放入鱼块以小火炸约2分钟，再以大火炸约30秒，捞起沥干油分盛出，备用。
5. 重新热锅，将青椒、红椒及洋葱略炒，再放入所有调料拌匀，然后放入炸鱼块拌炒均匀，起锅前加入水淀粉拌匀勾芡即可。

红烧鱼

材料
鲈鱼	600克
姜丝	15克
葱段	20克
红辣椒片	10克
干面粉	少许
水	150毫升

腌料
姜片	10克
葱段	10克
料酒	1大匙
盐	少许

调料
糖	1小匙
陈醋	1小匙
酱油	2.5大匙

做法
1. 鲈鱼处理后洗净，加入所有腌料腌约15分钟，将鱼拭干抹上少许干面粉。
2. 热锅，倒入稍多的食用油，待油温加热至160℃，放入鱼两面炸约3分钟，取出沥干备用。
3. 锅中留约1大匙食用油，放入姜丝、葱段、红辣椒片爆香，加入所有调料煮沸，放入鱼烧煮入味即可。

焗烤奶油小龙虾

🦐 材料

小龙虾	2尾
蒜头	2瓣
葱	2根
奶酪丝	35克

🧂 调料

奶油	1大匙
盐	少许
白胡椒粉	少许

📋 做法

1. 先将小龙虾纵向剖开成两等份，洗净备用。
2. 蒜头、葱洗净切成碎末状。
3. 将蒜头和葱碎放在小龙虾的肉上，再放入混合拌匀的调料，撒上奶酪丝，排放入烤盘中。
4. 放入上下火200℃的烤箱中烤约10分钟取出装盘即可。

虾味蛋卷

材料

虾仁	50克
荸荠	2个
葱	1根
蒜头	1瓣
蛋黄	75克(3个鸡蛋量)
蛋清	50克(2个鸡蛋量)

调料

盐	少许
白胡椒粉	少许
香油	1小匙

做法

1. 将材料中的蛋黄和蛋清（取一半）混合拌匀后，倒入平底锅中煎成3张蛋皮。
2. 虾仁洗净，切成碎末状；荸荠、葱、蒜头洗净切成碎末状。
3. 取容器，加入所有材料、所有调料及剩余蛋清混合搅拌均匀即成馅料。
4. 取出1张蛋皮，加入适量馅料包卷起来，再于蛋皮外包裹上一层保鲜膜。
5. 放入蒸锅中，加入1杯水，蒸至开关跳起，取出，去除保鲜膜后，切段装盘即可。

XO酱炒干贝

材料
鲜干贝250克，豆角30克，蒜头2瓣，红甜椒1/3个，黄甜椒1/3个，红辣椒1/3个

调料
XO酱2大匙，盐、白胡椒粉各少许

做法
1. 鲜干贝洗净，将水分滤干备用。
2. 豆角洗净切段；红甜椒、黄甜椒洗净切菱形片；蒜头、红辣椒洗净切片状备用。
3. 起炒锅，加入一大匙食用油烧热，加入豆角、红甜椒、黄甜椒、红辣椒、蒜头以中火翻炒均匀。
4. 再加入鲜干贝和所有调料翻炒均匀即可。

XO酱炒西芹

材料
鲜干贝10颗，西芹2支，蒜头1瓣，水2大匙

调料
XO酱1大匙，鸡精1小匙，香油1大匙

做法
1. 鲜干贝浸入沸水中至熟，捞起沥干备用。
2. 蒜头洗净切碎；西芹剥除粗丝洗净切段，放入沸水中焯烫去涩味，沥干备用。
3. 热锅，倒入少许食用油，爆香蒜碎，加入XO酱炒香，加水煮至沸腾。
4. 加入西芹段与干贝拌炒均匀，加入鸡精调味。
5. 起锅前加香油拌匀即可。

生炒鲜干贝

材料
鲜干贝160克，甜豆70克，胡萝卜15克，葱1根，姜10克，红辣椒1条，水50毫升

调料
蚝油1大匙，料酒1大匙，水淀粉1茶匙，香油1茶匙

做法
1. 胡萝卜去皮洗净后切片；甜豆撕去边洗净；葱洗净切段；红辣椒及姜切片，备用。
2. 鲜干贝放入滚水中焯烫约10秒即捞出沥干。
3. 热锅，加入1大匙食用油，以小火爆香葱段、姜片、红辣椒片后，加入鲜干贝、甜豆、胡萝卜片及蚝油、料酒、水一起以中火炒匀。
4. 炒约30秒后，加入水淀粉勾芡，最后洒上香油即可。

蚝油蒸鲍鱼

材料
鲍鱼1只，葱1根，蒜头2瓣，杏鲍菇1根

调料
盐少许，白胡椒粉少许，料酒1小匙，香油1小匙，糖1小匙，蚝油1大匙

做法
1. 先将鲍鱼洗净切成片状备用。
2. 将葱洗净切段，蒜头、杏鲍菇洗净切片备用。
3. 取容器，放入所有调料，混合拌匀备用。
4. 取盘，先放上鲍鱼，再放入葱、杏鲍菇、蒜头，接着将拌好的调料淋入后，用耐热保鲜膜将盘口封起来。
5. 连盘放入蒸锅中，蒸约8分钟至熟即可。

蒜味蒸孔雀贝

材料
孔雀贝	300克
罗勒	3支
姜	10克
蒜头	3瓣
红辣椒	1/3条

调料
酱油	1小匙
香油	1小匙
料酒	2大匙
盐	少许
白胡椒粉	少许

做法
1. 先将孔雀贝洗净，再放入滚水中焯烫过水备用。
2. 把姜、蒜头、红辣椒都洗净切成片状，罗勒洗净备用。
3. 取容器，加入所有调料，再混合拌匀备用。
4. 将孔雀贝放入盘中，放入所有材料和所有调料。
5. 用耐热保鲜膜将盘口封起来，再放入蒸锅中，蒸约15分钟至熟即可。

炒芦笋贝

📋 材料

芦笋贝　280克
葱　　　2根
姜　　　10克
蒜头　　10克
红辣椒　1个

🧂 调料

A:
蚝油　　1大匙
糖　　　1/4茶匙
料酒　　1大匙
B:
香油　　1茶匙

📖 做法

① 待芦笋贝吐沙干净后，放入滚水中焯烫约4秒即取出冲凉水、洗净沥干。

② 葱洗净切段；姜洗净切丝；蒜头、红辣椒洗净切末备用。

③ 热锅，加入1大匙油，以小火爆香葱段、姜丝、蒜末、红辣椒末后，加入芦笋贝及调料A，转大火持续炒至水分收干，再洒上香油略炒几下即可。

百合烩鲜蔬

材料

西蓝花1大棵，新鲜百合1个，白果35克，葱1根，蟹味菇1盒，胡萝卜少许，姜少许，高汤250毫升

调料

A：盐1/2小匙，鸡精1/2小匙，料酒1小匙

B：香油少许，水淀粉适量

做法

① 所有材料洗净，百合剥开、胡萝卜切条、葱切段、姜切片、西蓝花切小朵。胡萝卜、西蓝花、白果、蟹味菇分别余烫至熟，西蓝花摆盘；

② 热锅，放入1大匙的食用油，将葱段、姜片入锅爆香，再加入白果、百合炒约2分钟后，加入蟹味菇、胡萝卜条及高汤。

③ 待汤汁沸腾后，加入调料A拌匀，再以水淀粉勾芡，起锅前淋上香油，盛入摆好西蓝花的盘中即可。

蟹肉烩芥菜

材料

芥菜心1个，蟹脚肉1盒，姜片2片，葱姜酒水(适量葱、姜、料酒一起煮沸)适量，高汤1250毫升

调料

A：盐1/2小匙，鸡精1/2小匙，料酒1小匙，胡椒粉少许

B：香油少许，水淀粉适量

做法

① 蟹脚肉洗净放入煮沸的葱姜酒水中焯烫去腥后，捞出。芥菜心洗净切段，放入沸水中稍微焯烫一下，再放入1000毫升高汤中煮软，取出芥菜心段。

② 热锅，放入1小匙的食用油，将姜片切丝后入锅中爆香，再加入料酒、250毫升高汤煮至沸腾，放入蟹脚肉、芥菜心段。

③ 待高汤再次沸腾后，放入剩余调料A调味，并以水淀粉勾芡，起锅前淋上香油即可。

什锦烩海味

材料

A:

海参	1个
虾仁	5个
水发鱿鱼	100克
鸽蛋	3个
脆笋片	20克
甜豆	5个
胡萝卜片	20克
鱼板	4片

B:

蒜末	1/2茶匙
鸡汤	80毫升

调料

A:

盐	1/2茶匙
蚝油	1大匙
胡椒粉	1/4茶匙
香油	1/2茶匙

B:

绍酒	1茶匙
水淀粉	1大匙

做法

1. 材料A洗净处理毕后，放入滚水中焯烫，再捞起过凉，备用。

2. 热锅，放入少量食用油，爆香蒜末，再加入绍酒、鸡汤，接着放入所有材料，沸腾后加入所有调料A拌匀，再以水淀粉勾芡即可。

樱花虾米糕

🥘 材料

糯米	120克
樱花虾	2大匙
香菜碎	1小匙
干香菇	3朵

🧂 调料

酱油	1小匙
糖	1小匙
盐	少许
白胡椒粉	少许
料酒	1大匙
香油	1小匙

📋 做法

1. 将糯米洗净，浸泡约30分钟，再滤干水分备用。

2. 干香菇泡水至软，再洗净切成片状备用。

3. 将浸泡好的糯米放入蒸笼中，以大火蒸约20分钟至熟，再取出备用。

4. 起炒锅，加入香油和干香菇以中火爆香，加入蒸好的糯米和其余的调料轻轻拌匀，再放入樱花虾和料酒翻炒均匀，即成米糕。

5. 将米糕放入蒸笼中，以中火蒸5分钟，放上香菜碎装饰即可。

青蟹米糕

🍲 材料

糯米	300克
青蟹	1只
虾米	1大匙
泡发香菇丝	50克
红葱头	50克
水	100毫升
姜片	3片
葱段	1根

🍶 调料

五香粉	1/2茶匙
酱油	1茶匙
盐	1/2茶匙
鸡精	1/2茶匙
糖	1茶匙
香油	1茶匙
食用油	2大匙
胡椒粉	1茶匙

📋 做法

1. 糯米泡水2个小时后洗净沥干，加水放入蒸笼中以中火蒸约15分钟；红葱头洗净切片。

2. 取锅，倒入2大匙食用油加热，放入红葱头片，以小火炸至红葱头片呈金黄色后熄火，倒出过滤食用油（红葱酥和红葱油皆保留）。

3. 取锅，放入红葱油、虾米和泡发香菇丝，以小火炒约3分钟后加入所有调料、水和红葱酥拌炒均匀，煮约5分钟。随后将蒸好的糯米放入锅中拌匀，即成米糕，盛入盘中。

4. 将青蟹处理干净，与姜片、葱段一起摆入蒸盘中，以中火蒸约8分钟后取出，将蒸熟的青蟹连同汤汁一起放至米糕盘上，放入蒸笼，以中火再蒸5分钟即可。

PART 3

香浓鲜美汤品

品尝完一道又一道的菜肴之后，正是来道汤品的时候。
以慢火精炖的汤品，最能展现主人的好手艺。
不论煲汤羹汤，香气浓郁、入口滑顺的汤品，
最能让宾主尽欢。

人参鸡汤

材料
土鸡	1只
人参须	60克
姜片	20克
葱段	1根
水	1000毫升

调料
料酒	1大匙
盐	1茶匙

做法
1. 人参须洗净，泡水3个小时备用。
2. 土鸡洗净，去头后放入滚水中焯烫去除脏污血水再捞起沥干水。
3. 将土鸡放入炖锅中，加入姜片、葱段及人参须，以小火炖约2个小时。
4. 于炖锅中加入盐、料酒，再炖15分钟即可。

山药鸡汤

📋 **材料**
鸡腿1只，山药100克，枸杞子1茶匙，水700毫升，姜片3片

🧂 **调料**
盐1/2茶匙，料酒15毫升

📖 **做法**
① 鸡腿洗净，放入滚水中焯烫去除血水脏污后捞起沥干。
② 山药去皮，切滚刀块后放入滚水中焯烫，再捞起沥干。
③ 取锅，放入焯烫过的鸡腿，加入水、姜片和料酒，炖约1个小时后放入山药、枸杞子和盐，再炖半个小时即可。

莲子百合鸡汤

📋 **材料**
土鸡块300克，干莲子50克，干百合30克，姜片3片，料酒1茶匙，水600毫升

🧂 **调料**
盐1/2茶匙

📖 **做法**
① 先将干莲子和干百合泡水2个小时备用。
② 土鸡块洗净，放入滚水中焯烫去除血水脏污后捞起沥干。
③ 取炖盅，放入莲子、百合、土鸡块、其余材料和盐，再将炖盅放入电饭锅中，炖2个小时即可。

竹荪鸡汤

材料
土鸡块300克，竹荪10克，水600毫升，姜片15克

调料
盐1/2茶匙，料酒1大匙

做法
1. 土鸡块洗净，放入滚水中焯烫去除血水脏污后捞起沥干。
2. 竹荪泡水至软化，剪去蒂头及末端后切3厘米长备用。
3. 取锅，放入土鸡块、竹荪、水和姜片，以小火炖约1个小时，再放入盐、料酒，再炖30分钟即可。

杏鲍菇竹荪鸡汤

材料
土鸡1只，杏鲍菇3朵，竹荪10克，水1000毫升，姜5克

调料
料酒2大匙，盐少许，白胡椒粉少许

做法
1. 土鸡洗净，放入滚水中焯烫过水备用。
2. 姜去皮洗净切片；杏鲍菇洗净，切滚刀块；竹荪洗净，泡入冷水中至软备用。
3. 取汤锅，将所有材料和调料依序放入。
4. 再以中大火煮约1个小时即可。

冬笋土鸡汤

材料
腌冬笋200克，土鸡1只，姜5克，干香菇5朵，胡萝卜10克

调料
鸡精1小匙，料酒2大匙，盐少许，白胡椒粉少许，香油1小匙

做法
1. 土鸡洗净，放入滚水中焯烫过水备用。
2. 将腌冬笋洗净切片；姜、胡萝卜洗净切片；干香菇泡水至软去蒂头备用。
3. 取汤盅，将所有材料和调料依序放入。
4. 在汤盅上包覆上保鲜膜，再放入锅内，蒸至肉熟即可。

何首乌炖鸡汤

材料
土鸡1只，何首乌50克，黄芪3克，红枣10克，枸杞2大匙，水900毫升

调料
盐少许，白胡椒粉少许，冰糖1小匙

做法
1. 土鸡洗净，放入滚水中焯烫过水备用。
2. 取炖盅，将土鸡放入，再加入其余材料和所有调料。
3. 放至煤气炉上以中火煮约50分钟即可。

关键提示 如果觉得在煤气炉上煮太麻烦，也可以直接放入蒸锅内，煮至开关跳起即可。

香菇松子仁鸡汤

材料
土鸡1只，姜5克，松子仁1大匙，干香菇7朵，
水800毫升

调料
料酒2大匙，盐少许，白胡椒粉少许，香油1小匙

做法
1. 土鸡洗净，放入滚水中焯烫过水备用。
2. 姜、蒜头洗净切片备用；干香菇泡水至软，去蒂备用。
3. 取汤锅，将所有材料和调料依序放入。
4. 放至煤气炉上以中火煮约30分钟，其间可用汤匙捞除浮杂，至肉熟透即可。

菠萝苦瓜鸡汤

材料
苦瓜1/2个，小鱼干10克，土鸡腿1只，水8杯

调料
酱菠萝2大匙

做法
1. 将土鸡腿洗净切大块，用热开水冲洗沥干备用。
2. 小鱼干洗净泡水软化沥干；苦瓜洗净去瓤、去籽切块，备用。
3. 取锅放入鸡腿块、小鱼干、苦瓜、酱菠萝及水，煮至熟透即可。

金针菜排骨汤

材料
干金针菜　20克
排骨　　　300克
香菜　　　适量
水　　　　8杯

调料
盐　　　　少许
白胡椒粉　适量

做法
1. 干金针菜泡水软化沥干；排骨用热开水洗净沥干，备用。
2. 取锅放入排骨、金针菜及水。
3. 煮至肉熟透后加入所有调料，撒上香菜即可。

牛尾汤

🍲 材料

去皮牛尾	500克
洋葱丁	100克
胡萝卜丁	80克
番茄丁	50克
土豆丁	50克
西芹丁	60克
水	1000毫升
香芹末	1茶匙
番茄糊	1大匙

🍶 调料

盐	1/2茶匙

🍳 做法

1. 先将牛尾放入滚水中焯烫，再捞起沥干备用。
2. 取锅，将牛尾放入锅内，加入食用油1大匙、番茄糊、洋葱丁、胡萝卜丁炒约5分钟再加水，以小火煮约1个小时后捞出牛尾。
3. 于锅中加入土豆丁、番茄丁、西芹丁和盐，煮约45分钟。
4. 将牛尾去骨，加入锅中煮约10分钟，撒上香芹末即可。

牛蒡鸡汤

📋 材料
鸡腿2支，牛蒡茶包1包，红枣6颗，水6杯

🥣 调料
盐适量

🍲 做法
① 红枣洗净备用。
② 鸡腿用热开水洗净沥干备用。
③ 取炖锅放入鸡腿、红枣、牛蒡茶包及水。
④ 炖煮至肉熟透后加盐调味即可。

蛤蜊排骨汤

📋 材料
猪排骨300克，蛤蜊8个，姜片3片，葱丝10克，水800毫升

🥣 调料
盐1/2茶匙，料酒1大匙

🍲 做法
① 先将猪排骨洗净，剁成小块后泡水半小时，再放入滚水中焯烫，去除血水脏污。
② 蛤蜊放入水中吐沙备用。
③ 取锅，放入焯烫过的猪排骨块、姜片，加水以小火炖约40分钟，再加入料酒、盐和蛤蜊炖15分钟，最后撒上葱丝即可。

笋菇猪肚汤

🍲 材料
罐头珍珠鲍1罐，猪肚1个，绿竹笋1根，香菇6朵，
姜片6片，水1600毫升

🧂 调料
盐1小匙，料酒1小匙

🧂 洗猪肚材料
盐1小匙，面粉、白醋各适量

📋 做法
① 猪肚先用盐搓洗后，内外翻过来再用面
粉、白醋搓洗后洗净，放入沸水中煮约5分
钟，捞出浸泡冷水至凉后，切除多余的脂
肪，再切片备用。
② 绿竹笋洗净切片；香菇洗净对切成半，备用。
③ 取锅，放入珍珠鲍、猪肚、绿竹笋、香
菇、姜片、料酒及水，放入蒸锅中蒸约90
分钟，再加盐调味即可。

四宝猪肚汤

🍲 材料
猪肚1个，蛤蜊6个，金针菇1/2把，香菇5朵，
姜片3片，葱段20克，白萝卜1/2根，鹌鹑蛋6个，
水400毫升

🧂 调料
盐1/2茶匙，料酒1茶匙，白醋少许

📋 做法
① 猪肚加盐、白醋搓洗干净，放入滚水中焯
烫，刮去白膜后，与姜片、葱段一起放入
锅中蒸30分钟，取出猪肚放凉切片。
② 蛤蜊泡水吐沙；香菇泡发去蒂洗净；金针菇去
蒂洗净，放入滚水中焯烫，捞起沥干备用。
③ 白萝卜去皮洗净，切长方条状，再放入
滚水中焯烫，捞起沥干水分后铺于汤皿底
部，再放入吐过沙的蛤蜊、香菇、鹌鹑
蛋、金针菇和猪肚，加入所有调料和水，
放入蒸锅中蒸1个小时即可。

清炖牛腱汤

材料

牛腱1颗，白萝卜1根，香菜30克，水11杯

调料

盐少许，白胡椒粒5克

做法

1. 牛腱用热开水清洗后切块；白萝卜去皮洗净切大块；香菜去叶留茎洗净；白胡椒粒拍扁备用。

2. 取锅放入牛腱块、白萝卜块、香菜茎、白胡椒粒及水。

3. 待肉熟透，白萝卜炖烂后，加盐调味即可。

莲子炖牛排骨

材料

牛排骨400克，莲子100克，水120毫升，姜片30克

调料

盐1.5茶匙，糖1/2茶匙，料酒50毫升

做法

1. 牛排骨放入沸水中焯烫去除血水切块；莲子泡水至软，备用。

2. 将所有材料放入电饭锅中，加水盖上锅盖，按下开关，待肉熟透后再焖20分钟后，加入调料即可。

花生鸡爪汤

📷 材料
鸡爪20只，带皮生花生100克，水800毫升，姜片3片，葱段2根

📋 调料
盐1/4茶匙，白醋1大匙，糖2茶匙

📖 做法
① 先将花生泡水3个小时。

② 鸡爪洗净，切去指尖后放入滚水中焯烫，再捞起沥干备用。

③ 取锅，放入花生、鸡爪，再于锅中加入姜片、葱段和水，以小火炖约1个小时后加入所有调料拌匀煮滚即可。

萝卜丝鲫鱼汤

📷 材料
鲫鱼2条，白萝卜1根（约400克），葱花1大匙，姜片20克，水1000毫升

📋 调料
盐1茶匙，食用油少许

📖 做法
① 先将鲫鱼去除内脏后洗净，再沥干水分。

② 白萝卜去皮洗净切丝。

③ 热锅，加入少许食用油，放入鲫鱼、姜片，以小火将鲫鱼煎至两面呈金黄后加水和白萝卜丝，以中火煮至汤汁变白，最后加入盐、撒上葱花即可。

山药鲈鱼汤

📋 **材料**
鲈鱼700克,山药200克,姜丝10克,枸杞子10克,水800毫升

🧂 **调料**
盐1茶匙，料酒30毫升

🍲 **做法**
① 鲈鱼洗净后切块；山药去皮切小块,备用。
② 将所有材料、料酒放入电饭锅中，待肉熟透后，加入盐调味即可。

番茄海鲜汤

📋 **材料**
番茄1个，洋葱1/2颗，鱼1尾，虾6尾，蛤蜊6个，鱿鱼1/2尾，水8杯，番茄糊1/2杯

🧂 **调料**
食用油少许，盐少许

🍲 **做法**
① 番茄、洋葱洗净切丁；鱼去鳞去内脏洗净切块；虾洗净剪须；鱿鱼去内脏洗净切圈；蛤蜊泡水吐沙洗净，备用。
② 锅洗净后加热，锅中倒入少许食用油，放入洋葱丁、番茄丁炒香后加水同煮。
③ 加入番茄糊搅拌均匀，盖锅盖中火煮约20分钟，开盖放入海鲜料，继续煮约5分钟，加盐调味即可。

翡翠海鲜羹

材料

菠菜150克，鱼肉丁50克，虾仁丁50克，
笋片80克，鱿鱼丁30克，胡萝卜片少许，
蛋清5大匙，水600毫升

调料

盐1/2小匙，胡椒粉1/4小匙，绍酒1小匙，
淀粉1.5大匙，食用油少许

做法

1 将虾仁丁、鱿鱼丁、鱼肉丁、笋片、胡萝卜
片均放入滚水中焯烫至变色，捞出沥干。

2 菠菜洗净加少许水打成汁，滤出菜汁加入蛋
清与1/2大匙淀粉搅拌均匀。再倒入低温油
锅中以小火搅拌呈颗粒状，捞出颗粒至滤网
以热水冲去多余食用油分，沥干成菠菜泥。

3 取汤锅加入水以中大火煮开，放入做法1所
有食材及调料，以中小火煮至滚沸，倒入
适量淀粉搅拌均匀，待汤汁浓稠后加入菠
菜泥拌匀即可。

西湖牛肉羹

材料

新鲜牛肉碎200克，荸荠5个，蟹肉棒2根，
青豆仁50克，香菜少许，高汤500毫升

调料

盐1茶匙，绍酒1大匙，淀粉少许，水淀粉1大匙，
香油1茶匙

做法

1 将牛肉碎加少许水淀粉、盐拌匀，再放入
滚水中焯烫洗净。

2 荸荠去皮洗净切碎；蟹肉棒剥去红色部分，
切成小段。

3 高汤煮滚后加入牛肉碎、荸荠、蟹肉棒、
青豆仁和绍酒，于水滚时加入淀粉勾芡拌
匀，最后加入香油及香菜即可。

泰式海鲜酸辣汤

材料
圣女果	6个
虾	6尾
鱿鱼	1尾
蛤蜊	6个
罗勒	适量
水	6杯

调料
泰式酸辣酱	6大匙
柠檬汁	2大匙

做法
1. 圣女果洗净切半；虾洗净，头尾分开；鱿鱼去内脏洗净切圈；蛤蜊泡水吐沙洗净，备用。
2. 取锅，放入虾头及水。
3. 以中火煮至沸腾约5分钟，捞出虾头，放入泰式酸辣酱拌匀。
4. 再放入所有海鲜料，待再次沸腾约3分钟，加柠檬汁及罗勒即可。

常见摆盘食材与摆盘法

许多食材除了可以食用外，也可以经过特殊的处理后拿来当装饰，有了这些赏心悦目的盘饰，除了让人胃口大开外，也会使宾客发出赞叹声。

西蓝花

将西蓝花烫熟后，一朵一朵地围成一圈，梗向内花向外，就像一个绿色的花圈，再将料理放入花圈内，就会显得相当美观大方了。

小黄瓜

小黄瓜翠绿的外表可映衬主菜，常用的装饰法除了高难度的刻花外亦可切片后，稍作修饰就变成一颗颗爱心。

彩椒

颜色鲜艳的彩椒，除了可加入料理中增色外，也可以切小片再切成菱形片，利用简单的排列，各式色彩缤纷的花朵、蝴蝶就呈现在眼前了！

生菜

生菜常用来包裹其他食材食用。当盘饰时通常剥成一片用于衬垫主食材，或一大片铺于盘面，或取叶子部分卷起来置于中间当装饰。

上海青

上海青可称作中餐料理的最佳配角，有叶又有梗的翠绿外表，可以围成波浪形的圆圈，也可铺于盘底，亦可直接食用，可谓功能多多。

柳橙

黄澄澄的外观相当讨喜，用来当盘饰除了可以配色外，遇到海鲜类食物时，也可挤一点橙汁去腥提味。切片围盘或将橙皮折成小兔子装饰皆可。

PART 4

幸福快炒下饭菜

一碗亮晶晶的白米饭，
对于中国人来说，永远胜过万千美味，
而一盘与之匹配的下饭菜，
则是餐桌上让人感到幸福的最佳搭配，
好吃不过米饭，幸福不过下饭菜。

干贝酥娃娃菜

🍲 材料

娃娃菜	250克
干贝	5粒
蒜末	5克
姜末	5克
辣椒片	1/2个

🧂 调料

料酒	150毫升
盐	少许
鸡精	1/4小匙
香油	少许
水淀粉	适量
食用油	适量

🍳 做法

1. 娃娃菜去头、剥片后洗净；干贝以料酒泡至软，一起蒸约20分钟至凉后取出、沥干，剥成丝状备用。
2. 热油锅，放入干贝丝炸至酥脆后捞起、沥油备用。
3. 另热锅，倒入1大匙食用油烧热，放入蒜末、辣椒片和姜末一起爆香后，加入娃娃菜拌炒均匀。
4. 再于锅内加入剩余的调料一起拌炒入味，再倒入水淀粉勾芡后盛盘。
5. 最后将炸干贝丝放在盘中的娃娃菜上即可。

芥蓝炒腊肠

材料
腊肠2根，芥蓝200克，蒜头2瓣

调料
盐少许，糖1小匙，胡椒少许，香油1小匙，
蚝油1小匙

做法
❶ 腊肠洗净切片；蒜洗净去皮切片，备用。
❷ 芥蓝择去老叶洗净，放入滚水中加入少许食用油快速焯烫过水，再捞起泡冷水备用。
❸ 起炒锅，倒入适量色拉油，先加入腊肠与蒜片爆香，再加入备好的芥蓝快炒，最后加入所有调料炒匀即可。

关键提示　购买芥蓝时要挑中型、梗较短、深绿色的；烹调时想要维持翠绿色，可先放入加了少许食用油的滚水中快速焯烫，捞起后放入冷水中。快炒时先放腊肠爆香，再放入焯烫好的芥蓝略拌炒调味即可。

甜豆炒彩椒

材料
甜豆150克，蒜片10克，红甜椒60克，黄甜椒60克

调料
盐1/4小匙，鸡精少许，料酒1大匙

做法
❶ 甜豆去除头尾及两侧粗丝洗净；红甜椒、黄甜椒洗净去籽切条状，备用。
❷ 热锅，倒入适量的食用油，放入蒜片爆香。
❸ 加入甜豆炒1分钟，再放入甜椒条炒匀，再加入所有调料拌炒均匀即可。

关键提示　要保持甜豆的好口感，一定要先摘除两侧的粗丝，吃起来才会鲜嫩。此外豆类都有一股特殊的豆腥味，如果不喜爱这味道，可以事先将豆类过油或焯烫，达到去腥的目的。

菜花炒腊肉

🍲 **材料**
菜花400克，腊肉100克，葱段15克，蒜末15克，辣椒片15克

🧂 **调料**
A: 盐1/2小匙，糖1/2小匙，鸡精1/2小匙，料酒1大匙，水300毫升
B: 水淀粉适量，香油适量

🍳 **做法**
① 菜花洗净，切小朵，放入沸水中焯烫至熟，捞起沥干备用。
② 腊肉去皮、切片，放入沸水焯烫至软备用。
③ 热锅，倒入适量色拉油，放入蒜末、辣椒片、葱段爆香。
④ 再加水拌炒一下后加入菜花、腊肉片炒匀。
⑤ 继续加入调料A煮至汤汁沸腾，以水淀粉勾薄芡并洒入香油即可。

开阳西蓝花

🍲 **材料**
西蓝花400克，虾米50克，蒜末15克，胡萝卜片20克，辣椒片15克，水300毫升

🧂 **调料**
A: 盐1/2小匙，糖1/2小匙，鸡精1/2小匙
B: 水淀粉适量，香油适量

🍳 **做法**
① 西蓝花洗净，切小朵，与胡萝卜片一起放入沸水中焯烫至熟，捞起沥干备用。
② 热锅，倒入适量色拉油，放入蒜末、辣椒片及虾米爆香。
③ 再加入水拌炒一下后加入焯烫过的西蓝花、胡萝卜片炒至汤汁均匀。
④ 继续加入调料A煮至汤汁沸腾，以水淀粉勾薄芡并洒入香油即可。

关键提示 西蓝花口感较为清脆，常见于色拉、热炒等料理；而菜花口感较松软，常以热炒、炖煮等料理方式呈现。

蒜香西蓝花

材料

西蓝花	250克
蒜头	3瓣
辣椒	1/2个
猪肉丝	100克

调料

糖	少许
胡椒粉	少许
香油	1大匙

做法

1. 先将西蓝花洗净切成小朵状，再将西蓝花去粗皮泡水备用。
2. 蒜、辣椒都洗净切片，备用。
3. 热油锅，当油温在180℃时，放入西蓝花迅速过油，随即捞起沥油备用。
4. 热锅，倒入适量色拉油，先放入蒜片与辣椒片爆香，再加入猪肉丝略炒，最后放入过油的西蓝花与所有调料一起翻炒均匀即可。

关键提示 起油锅时油温约为180℃，再将浸泡好的西蓝花用餐巾纸将水分吸干，再放入油锅中过油，时间约10秒，快速捞起，就会比生的时候更翠绿。

干煸豆角

材料

豆角300克，猪绞肉80克，蒜末1/2茶匙，姜末1/2茶匙，水4大匙

调料

辣豆瓣酱1茶匙，酱油1茶匙，盐1/4茶匙，糖1/2茶匙，淀粉1/2茶匙

做法

1. 豆角洗净，撕去粗丝，切长段备用。
2. 猪绞肉加入淀粉抓匀备用。
3. 热锅，加入1/2碗色拉油至高温后，放入豆角炸至表面略焦后捞出沥油。
4. 另取锅，加入少许色拉油，放入肉馅以中火炒约1分钟，加入蒜末、姜末和调料中的辣豆瓣酱，炒约2分钟后，加入水、剩余调料和豆角，以大火炒约1分钟，待汤汁略收干即可。

豆豉苦瓜

材料

苦瓜1个，嫩姜丝1大匙，豆豉1大匙

调料

酱油1大匙，色拉500毫升

做法

1. 苦瓜洗净擦干水分并切去头尾横剖去籽，切成大小一致的块状备用。
2. 热锅，放入色拉油以中火烧热至175℃，放入苦瓜炸2~3分钟，捞起沥干油分。
3. 留约1小匙的色拉油在油锅，先将嫩姜丝炒香，加入豆豉及酱油，最后放入苦瓜拌匀即可。

酱爆茄子

材料
茄子350克，肉丝80克，蒜末10克，蒜苗片30克，辣椒片15克，水50毫升

调料
豆瓣酱1大匙，酱油1小匙，料酒1大匙，香油少许，糖1/2小匙

做法
1. 茄子洗净后切段，热油锅，倒入较多的食用油，待油温热至160℃，放入茄子段炸至微软再放入蒜苗片、辣椒片过油后，一起取出沥油备用。
2. 锅中留少许食用油，放入蒜末爆香，再放入肉丝炒至变色，放入豆瓣酱炒香。
3. 放入其余材料与调料炒至入味即可。

关键提示　茄子如果切好没有马上入锅炒，可以先浸泡盐水或过油防止氧化变黑，但是如果要事先过油，就不需要先泡水，以免入油锅时发生油爆。

菇味炒豆腐

材料
上海青150克，板豆腐1大块，鲜香菇50克，秀珍菇50克，辣椒末15克，蒜末10克

调料
盐1/2小匙，鸡精少许，食用油少许

做法
1. 上海青仔细洗净；鲜香菇、秀珍菇洗净切小片，备用。
2. 板豆腐洗净切小块，放入油温160℃的油锅中炸至金黄，取出沥油备。
3. 锅中留少许食用油，放入蒜末、辣椒末爆香，再加入香菇、秀珍菇炒香，加入上海青炒匀。
4. 再加入炸好的豆腐及所有调料炒匀即可。

三杯玉米

🥬 材料
玉米2根，水1000毫升，蒜头6瓣，辣椒1个，
葱1/2根，姜片4片，罗勒15~20克

🧂 调料
蔬菜用三杯酱汁2大匙，香油2大匙

🍲 做法
1. 玉米洗净，放入1000毫升滚水中，以中火煮25~30分钟后，捞起；将蒜头炸至金黄色，备用。
2. 待煮熟的玉米冷却后，切成条状；辣椒、葱洗净切段，备用。
3. 另热锅，加入香油，放入姜片炒香，至姜片成卷曲状，再放入辣椒段、葱段、蒜头和三杯酱汁拌炒均匀。
4. 在锅中加入玉米拌炒，收汁前加入罗勒拌炒即可。

盐酥杏鲍菇

🥬 材料
A：杏鲍菇200克，葱3根，红辣椒2个，蒜头5瓣
B：低筋面粉40克，玉米粉20克，蛋黄1个，
　　冰水75克

🧂 调料
盐1/4茶匙

🍲 做法
1. 低筋面粉与玉米粉拌匀，加入冰水后迅速拌匀，再加入蛋黄拌匀即成粉浆，备用。
2. 杏鲍菇洗净切小块；葱洗净切花；红辣椒、蒜头洗净切末，备用。
3. 热油锅至约180℃，杏鲍菇蘸粉浆后，入油锅以大火炸约1分钟至表皮酥脆，起锅沥油备用。
4. 锅中留少许食用油，以小火爆香葱花、蒜末、红辣椒末。再放入炸过的杏鲍菇炒匀，放入盐调味，以大火快速翻炒均匀即可。

关键提示　因为菇类口感较软，且容易吸附汤汁及油脂，直接下油锅炸的话，口感会变得软烂且油腻。因此建议菇类要蘸粉浆，再入油锅油炸，这样才能在外面形成一层酥脆的表皮，且不会吸附多余油脂，吃起来爽口又酥脆。

干锅茶树菇

材料

茶树菇	220克
干辣椒	3克
蒜片	10克
姜片	15克
芹菜	50克
蒜苗	60克
水	80毫升

调料

蚝油	1大匙
辣豆瓣酱	2大匙
糖	1大匙
料酒	30毫升
水淀粉	1大匙
香油	1大匙
食用油	适量

做法

1. 茶树菇切去根部洗净；芹菜洗净切小段；蒜苗洗净切片，备用。

2. 热油锅至约160℃，茶树菇下油锅炸至干香后起锅，沥油备用。

3. 锅中放少许食用油，以小火爆香姜片、蒜片、干辣椒，加入辣豆瓣酱炒香。

4. 再加入茶树菇、芹菜及蒜苗片炒匀，放入蚝油、糖、料酒及水，以大火炒至汤汁略收干，以水淀粉勾芡后洒上香油，盛入砂锅即可。

胡萝卜蟹肉棒豆腐

材料

材料	用量
胡萝卜	1/2根
蟹肉棒	2根
豆腐	1盒
姜末	1/2茶匙
葱末	1/2茶匙
水	100毫升

调料

调料	用量
盐	1/2茶匙
水淀粉	1大匙
香油	少许
食用油	1大匙

做法

1. 胡萝卜洗净去皮，用小刀从表面刮出胡萝卜泥约5大匙备用。
2. 将蟹肉棒洗净斜刀切成四等份；豆腐切四方丁备用。
3. 热锅，加入食用油，放入姜末和葱末拌炒，再放入胡萝卜泥，以小火炒约3分钟后，加入水、豆腐丁、盐和香油，煮约2分钟后加入蟹肉棒，并用水淀粉勾芡即可。

> **关键提示**
>
> 胡萝卜蟹黄豆腐鲜嫩味美，不过一大盘的蟹黄价格不菲，不如利用胡萝卜泥加上蟹肉棒，就能做出味道可以相媲美的胡萝卜蟹肉棒豆腐。

培根圆白菜

材料
培根2片，圆白菜200克，蒜头2瓣，胡萝卜片3片，红辣椒1/2个

调料
盐1/4茶匙，香菇精少许，料酒1茶匙

做法
1. 先将圆白菜洗净，再剥成大块状泡水，备用。
2. 培根切粗丝；蒜头、红辣椒洗净切片；胡萝卜片切丝，备用。
3. 取炒锅先将培根、蒜片以中火爆香，再将泡好水的圆白菜(水分不要滤太干)直接放入锅中，再加入胡萝卜丝、红辣椒片，盖上锅盖焖约1分钟，最后再加入所有调料炒匀，再盖上盖焖一下即可。

关键提示

如何保持圆白菜脆的口感：将圆白菜用手剥成大片状，最好先将粗梗挑出来不用，放入加了少量盐的水中浸泡约10分钟，再捞起加入炒锅快炒调味，炒的全程需要使用中大火。而这道菜因材料中的培根会出食用油，所以可以少放点食用油，让其吃起来更健康爽口。

白菜炒虾仁

材料
白菜梗200克，虾仁200克，蒜头1瓣

腌料
糖1/4小匙，料酒1小匙，酱油1小匙，姜汁1小匙，淀粉适量，橄榄油1茶匙

调料
盐1/2茶匙

做法
1. 虾仁洗净，放入腌料搅拌均匀，放置10分钟；白菜梗洗净切粗丝；蒜头洗净切片。
2. 煮一锅水，将虾仁焯烫至变红后捞起沥干备用。
3. 取不粘锅放食用油后，爆香蒜片。
4. 放入白菜丝拌炒后，加1杯水焖煮至软化，再放入虾仁拌炒后，加盐调味拌匀即可。

空心菜苍蝇头

材料
空心菜梗250克，绞肉150克，豆豉25克，蒜末10克，辣椒末10克

调料
盐少许，酱油少许，料酒1大匙

做法
1. 空心菜梗洗净切成小段备用。
2. 热锅，倒入适量食用油，放入豆豉、蒜末、辣椒末爆香，再加入绞肉炒散至颜色变白。
3. 加入空心菜梗粒炒匀，再加入所有调料炒至入味即可。

关键提示 空心菜要选择梗嫩瘦长，且叶子没有蔫黄的，这样炒出来的空心菜才会较嫩。空心菜分粗梗跟细梗的品种，粗梗的空心菜吃起来口感较脆，而细梗的空心菜则口感较细嫩。

泰式炒茄子

材料
茄子300克，辣椒片1/4小匙，蒜末1/4小匙，香菜碎1小匙

调料
鱼露1大匙，料酒1/2大匙，椰糖1/2大匙

做法
1. 茄子洗净，切成长段再切条，放入热油锅中以中火略炸至变色，捞出沥干油脂，备用。
2. 热锅，倒入适量食用油烧热，放入辣椒片、蒜末以小火炒出香味，再加入茄子条和所有调料拌炒均匀，最后加入香菜碎拌炒数下即可。

番茄肉酱炒茄子

🍤 材料
茄子 　　2根
罗勒 　　适量

🧂 调料
番茄肉酱适量

🍳 做法
① 茄子洗净切成5厘米长段再对切成细条，浸泡冷水备用。

② 热锅，倒入稍多的油，将茄子条沥干后入锅炒软。

③ 加入番茄肉酱、罗勒拌炒均匀即可。

番茄肉酱

材料： A：洋葱末1/2个，猪绞肉150克，蒜头5瓣(切末)，番茄200克，鸡精适量，盐适量，胡椒粉适量，橄榄油3大匙

B：番茄酱50克，糖10克，酱油10毫升，料酒15毫升，水100毫升

做法： 1. 番茄洗净去皮切末备用。

2. 热锅，加入橄榄油烧热，放入蒜末炒香后，放入洋葱末炒软，再加入猪绞肉炒散，加入番茄末拌炒一下，加入事先调匀的材料B，以小火略炒至收汁，再以鸡精、盐及胡椒粉调味即可。

山药枸杞子菠菜

🍲 材料

菠菜	250克
山药	100克
姜片	15克
枸杞子	适量

📋 调料

盐	1/4小匙
鸡精	少许

📖 做法

1. 菠菜洗净切段；山药去皮切片后泡水，备用。
2. 热锅，倒入适量的食用油，放入姜片爆香，再放入山药片及菠菜段炒匀。
3. 加入所有调料、枸杞子拌炒均匀即可。

关键提示　　山药带有独特的黏滑特性，正好可以将菠菜苦涩粗糙的口感中和。此外如果要煮汤最好选择淮山药，因其比较耐煮不易碎散；而想吃黏滑口感的凉拌山药，则可考虑选择黏液多的普通品种。

玉米笋炒三菇

材料
玉米笋100克，香菇50克，蟹味菇40克，秀珍菇40克，豌豆角40克，胡萝卜20克，蒜片10克

调料
盐1/4小匙，料酒1小匙，鸡精少许，香油少许

做法
1. 玉米笋洗净切段后放入沸水中焯烫一下；鲜香菇切片；蟹味菇去蒂头洗净，豌豆角去头尾及两侧粗丝洗净；胡萝卜去皮洗净切片，备用。
2. 热锅，倒入适量食用油，放入蒜片爆香，加入所有菇类与胡萝卜片炒匀。
3. 加入豌豆角及玉米笋炒匀，加入所有调料炒熟至入味即可。

玉米滑蛋

材料
玉米粒150克，洋葱丁40克，鸡蛋4个，蒜末10克，葱末10克，豌豆仁适量

调料
盐1/4小匙，料酒1小匙，鸡精少许，白胡椒粉少许

做法
1. 鸡蛋打散成蛋液，加入玉米粒、料酒拌匀备用。
2. 热锅，倒入适量的食用油，放入蒜末、葱末、洋葱丁爆香，加入玉米粒炒匀。
3. 加入豌豆仁及其余调料炒一下，再加入蛋液拌匀即可。

关键提示 如果喜欢吃鲜嫩一点的蛋，就缩短拌炒的时间，让蛋液还是半熟的状态就熄火盛盘，利用锅的余温让蛋液再稍微熟一点，这样就会比较鲜嫩。

菠菜炒猪肝

材料
猪肝150克，菠菜300克，蒜头2粒

腌料
料酒1茶匙，酱油1茶匙，水1大匙，淀粉1/2茶匙

调料
盐1/2茶匙，橄榄油1/2茶匙

做法
1. 猪肝切片冲水后，加入所有腌料搅拌均匀，放置15分钟。
2. 菠菜洗净切小段沥干；蒜头洗净切片备用。
3. 煮一锅水，将猪肝焯烫至八分熟后，捞起沥干备用。
4. 取不粘锅放食用油后，爆香蒜片，先放入菠菜略炒，再加入猪肝片拌炒。
5. 加入盐略微拌炒盛盘即可。

关键提示
传统做法是将猪肝切薄片腌入味后过油，以保持猪肝的鲜嫩口感；在食谱中改以焯烫方式处理，不仅可减少油脂摄取量，还能保持猪肝嫩度。

西蓝花炒墨鱼片

材料
墨鱼20克，西蓝花200克，蒜头2粒
红辣椒1条

调料
料酒1大匙，盐1/2茶匙，糖1/4茶匙，橄榄油1茶匙

做法
1. 墨鱼洗净切片；西蓝花洗净切小朵；红辣椒洗净切片；蒜头洗净切片。
2. 煮一锅水，将西蓝花烫熟捞起沥干；接着将墨鱼片焯烫捞起沥干备用。
3. 取不粘锅放油爆香蒜片，放入西蓝花、墨鱼片和辣椒片略拌后加调料调味盛盘即可。

回锅肉炒圆白菜

📋 材料

圆白菜	300克
熟五花肉	100克
蒜苗段	40克
辣椒片	15克

📋 调料

辣豆瓣酱	2大匙
料酒	1大匙
酱油	少许
糖	少许

📋 做法

❶ 熟五花肉切片；圆白菜洗净切片，备用。

❷ 圆白菜放入沸水中焯烫至微软，取出沥干备用。

❸ 热锅，倒入适量的食用油，放入蒜苗段、辣椒片爆香，再放入肉片炒至食用油亮。

❹ 加入辣豆瓣酱炒香，再加入圆白菜炒匀，最后加入剩余的调料炒匀即可。

> **关键提示** 因为五花肉已经炒熟，如果拌炒太久口感会变差，所以圆白菜先焯烫至微软后，再加入炒锅中可以缩短拌炒的时间。如果不先焯烫圆白菜，则五花肉炒食用油亮后，要先取出，待圆白菜炒软后再回锅炒即可。

海参焖娃娃菜

材料
娃娃菜	250克
海参	200克
甜豆	30克
辣椒	1个
葱	1根
姜片	10克
高汤	200毫升

调料
盐	1/4小匙
鸡精	1/4小匙
糖	1/4小匙
料酒	1大匙
蚝油	1/2大匙
水淀粉	少许

做法
1. 娃娃菜洗净后去底部、切半；海参洗净、切小块；甜豆去头尾，洗净切段；辣椒去籽，洗净切片；葱切片备用。
2. 煮一锅滚水，分别将娃娃菜、甜豆及海参放入滚水中焯烫后捞出。
3. 热锅，倒入2大匙食用油烧热，先放入姜片、葱段和辣椒片一起爆香，再加入海参和所有调料（水淀粉除外）一起快炒均匀。
4. 于锅中加入高汤、娃娃菜和甜豆拌匀后，盖上锅盖焖煮至入味，起锅前再以水淀粉勾芡即可。

四季豆炒鸡丁

材料

四季豆	200克
胡萝卜	60克
鸡丁	100克
蒜末	10克

调料

盐	少许
鸡精	少许
香油	少许
白胡椒粉	少许

腌料

盐	1/4小匙
料酒	1小匙
淀粉	少许

做法

1 四季豆洗净焯烫后切丁；胡萝卜去皮洗净切丁后焯烫，备用。

2 鸡丁加入所有腌料腌10分钟备用。

3 热锅，倒入适量食用油，放入蒜末爆香，再加入鸡丁炒至变白。

4 加入胡萝卜丁、四季豆丁及所有调料炒匀即可。

关键提示 四季豆需先下锅焯烫再切丁，以免甜味丧失；而胡萝卜因为比较耐煮，切丁后，再焯烫可以加快烹调速度。

双色大根排

材料
白萝卜	300克
胡萝卜	100克
西蓝花	适量

调料
蚝油风味酱	2大匙
盐	少许
奶油	20克
橄榄油	少许

做法
1. 白萝卜、胡萝卜洗净去皮，切成厚圆片，放入沸水中煮至软，捞起沥干备用。
2. 西蓝花洗净放入加了盐的沸水中烫熟，捞起沥干加入少许盐及橄榄油拌匀，备用。
3. 热锅，加入奶油烧至溶化，放入白萝卜、胡萝卜片煎至上色。
4. 于锅中加入蚝油风味酱炒匀，盛盘加上西蓝花即可。

蚝油风味酱
材料：蚝油20克、酱油25毫升、料酒25毫升、香油6毫升、糖10克

做法：将所有材料混合均匀至糖溶化即可。

PART 5

美味饱腹有主食

汤养胃，菜美味，最终不过饭饱腹。
一顿丰盛的宴席，主食虽然不及汤品菜肴美味，却是离不开的角色，
如果饭桌上没有吃主食，往往过不了多久就会饿，
除了米饭和馒头，主食也一样可以变化多端。

金黄蛋炒饭

材料

米饭	220克
葱花	30 克
蛋黄	3 个

调料

盐	1/4茶匙
白胡椒粉	1/6茶匙

做法

1. 蛋黄打散备用。
2. 热锅，倒入约2大匙食用油，转中火放入米饭，将饭翻炒至饭粒完全散开。
3. 再加入葱花及所有调料，持续以中火翻炒至饭粒松香，最后将蛋黄淋至饭上并迅速拌炒至均匀、色泽金黄即可。

樱花虾肉丝炒饭

🍲 **材料**
米饭220克, 猪肉丝30克, 葱花20克, 樱花虾5克, 圆白菜30克, 胡萝卜丁30克, 鸡蛋1个

🧂 **调料**
盐1/6茶匙, 柴鱼酱油1大匙, 白胡椒粉1/6茶匙

📋 **做法**
1. 鸡蛋打散; 虾洗净沥干; 胡萝卜丁烫熟沥干; 圆白菜洗净切碎, 备用。
2. 热锅, 倒入1大匙食用油, 加入猪肉丝炒至熟后取出备用。
3. 锅洗净后加热, 倒入约2大匙食用油, 放入蛋液快速搅散至蛋略凝固, 再放入樱花虾略炒香。
4. 转中火, 加入米饭、猪肉丝、胡萝卜丁及葱花, 将饭翻炒至饭粒完全散开。
5. 续加入圆白菜及柴鱼酱油、盐、白胡椒粉, 持续以中火翻炒至饭粒松香均匀即可。

菜脯肉末蛋炒饭

🍲 **材料**
米饭220克, 猪绞肉60克, 蒜末10克, 葱花20克, 碎萝卜干60克, 鸡蛋1个

🧂 **调料**
盐1/4茶匙, 白胡椒粉1/6茶匙

📋 **做法**
1. 鸡蛋打散; 碎萝卜干略洗过后挤干水分。
2. 热锅, 倒入1大匙食用油, 以小火爆香蒜末后, 放入猪绞肉炒至肉色变白松散, 再加入萝卜干炒至干香取出备用。
3. 锅洗净后热锅, 倒入约2大匙食用油, 放入蛋液快速搅散至蛋略凝固。
4. 转中火, 放入米饭、猪肉馅、萝卜干及葱花, 将饭翻炒至饭粒完全散开。
5. 加入盐、白胡椒粉, 持续以中火翻炒至饭粒松香均匀即可。

扬州炒饭

材料
A：虾仁30克，鸡丁30克，水发干贝20克，
　海参丁30克，香菇丁30克，笋丁40克
B：葱花20克，鸡蛋2个，米饭250克，水4大匙

调料
盐1/4茶匙，蚝油1大匙，绍酒1大匙，
白胡椒粉1/2茶匙

做法
1. 热锅，倒入约1大匙食用油，放入所有材料
   A炒香后，加入蚝油、绍酒、水及白胡椒
   粉，以小火炒至汤汁收干后捞出备用。
2. 锅洗净后加热，倒入2大匙食用油，将鸡蛋
   打散后倒入锅中快速炒匀。
3. 加入米饭及葱花，将饭翻炒至饭粒完全散开。
4. 再加入做法1的配料及盐，持续翻炒至饭粒
   干爽即可。

咸鱼鸡粒炒饭

材料
米饭220克，咸鱼肉50克，葱花20克，生菜50克，
鸡腿肉120克，鸡蛋1个

调料
盐1/10茶匙，白胡椒粉1/8茶匙

做法
1. 生菜洗净切碎；鸡蛋打散；咸鱼肉下锅煎
   熟后切丁；鸡腿肉洗净切丁，备用。
2. 热锅，倒入1大匙食用油，放入鸡腿肉丁炒
   至熟后取出备用。
3. 锅洗净后加热，倒入约2大匙食用油，放入
   蛋液快速搅散至蛋略凝固。
4. 转中火，放入米饭、鸡肉丁、咸鱼肉丁及
   葱花，翻炒至饭粒完全散开。
5. 再加入生菜、盐及白胡椒粉，持续以中火
   翻炒至饭粒松香均匀即可。

蒜香香肠炒饭

🍲 材料

米饭	220克
香肠	2根
葱花	20克
辣椒末	5克
蒜碎	5克
鸡蛋	1个

🧂 调料

酱油	1大匙
粗黑胡椒粉	1/6茶匙

📋 做法

1. 鸡蛋打散；香肠入电饭锅蒸熟后切丁备用。

2. 热锅，倒入约2大匙食用油，加入蛋液快速搅散至蛋略凝固，再放入香肠丁及辣椒末炒香。

3. 转中火，放入米饭、蒜碎及葱花，将饭翻炒至饭粒完全散开。

4. 再加入酱油、粗黑胡椒粉，持续以中火翻炒至饭粒松香均匀即可。

番茄肉丝炒饭

材料
米饭220克，猪肉丝50克，葱花20克，鸡蛋1个，熟青豆仁30克，番茄60克

调料
番茄酱2大匙，白胡椒粉1/6茶匙

做法
① 番茄洗净切丁；鸡蛋打散备用。
② 热锅，倒入1大匙食用油，放入猪肉丝炒至熟后取出备用。
③ 锅洗净后加热，倒入约2大匙食用油，放入蛋液快速搅散至蛋略凝固，再加入番茄丁炒香。
④ 转中火，续加入米饭、猪肉丝、熟青豆仁及葱花，翻炒至饭粒完全散开。
⑤ 最后加入番茄酱、白胡椒粉，持续以中火翻炒至饭粒松香均匀即可。

韩式泡菜炒饭

材料
米饭220克，牛肉100克，葱花20克，鸡蛋1个，韩式泡菜160克

调料
酱油1大匙，白胡椒粉1/6茶匙

做法
① 牛肉洗净切小片；泡菜切碎；鸡蛋打散备用。
② 热锅，倒入1大匙食用油，放入牛肉片炒至表面变白、松散后取出备用。
③ 锅洗净后加热，倒入约2大匙食用油，放入蛋液快速搅散至蛋略凝固。
④ 转中火，加入米饭、牛肉片、泡菜及葱花，翻炒至饭粒完全散开。
⑤ 再加入酱油、白胡椒粉，持续以中火翻炒至饭粒松香均匀即可。

青椒牛肉炒饭

材料
米饭220克，牛肉丝100克，葱花20克，鸡蛋1个，青椒60克，胡萝卜30克

调料
沙茶酱1大匙，辣酱油1大匙，盐1/8茶匙

做法
1. 青椒及胡萝卜洗净切丝；鸡蛋打散备用。
2. 热锅，倒入1大匙食用油，放入牛肉丝炒至表面变白后取出。
3. 锅洗净后加热，倒入约2大匙食用油，放入蛋液快速搅散至蛋略凝固，再加入胡萝卜丝及沙茶酱炒香。
4. 转中火，续加入米饭、牛肉丝、青椒丝及葱花，翻炒至饭粒完全散开。
5. 最后加入辣酱油及盐，持续以中火翻炒至饭粒松香均匀即可。

泰式菠萝炒饭

材料
米饭220克，虾仁40克，鸡肉40克，菠萝80克，葱花20克，辣椒片5克，蒜末3克，香菜末3克，罗勒适量，油炸花生米30克，鸡蛋1个

卤汁
鱼露2大匙，咖喱粉1/2茶匙

做法
1. 鸡蛋打散；菠萝去皮切丁；鸡肉洗净切丝。
2. 热锅，倒入1大匙食用油，放入鸡肉丝及虾仁炒熟后取出。
3. 锅洗净，热锅倒入约2大匙食用油，放入蛋液快速搅散至蛋略凝固，再加入辣椒片及蒜末炒香。转中火，放入米饭、鸡肉丝、虾仁、菠萝丁、葱花及咖喱粉，翻炒至饭粒完全散开且均匀上色。再加入鱼露、罗勒及香菜末，持续以中火翻炒至饭粒松香均匀后，撒上油炸花生米略拌炒即可。

夏威夷炒饭

材料

米饭220克，火腿片60克，菠萝80克，鸡蛋1个，青椒50克，红甜椒1个，葱花20克

调料

盐1/2茶匙，粗黑胡椒粉1/4茶匙

做法

1. 鸡蛋打散；去皮菠萝、青椒及红椒洗净切丁；火腿片切小块，备用。
2. 热锅，倒入约2大匙食用油，放入蛋液快速搅散至蛋略凝固。
3. 转中火，放入米饭、火腿小块、菠萝丁、青椒丁、红椒丁、葱花，翻炒至饭粒完全散开。
4. 再加入盐及粗黑胡椒粉，持续以中火翻炒至饭粒松香均匀即可。

姜黄牛肉炒饭

材料

米饭220克，牛肉片100克，葱花20克，鸡蛋1个，熟豌豆仁30克，胡萝卜丁30克

调料

盐1/2茶匙，姜黄粉1茶匙

做法

1. 鸡蛋打散；胡萝卜丁烫熟沥干备用。
2. 热锅，倒入1大匙食用油，放入牛肉片炒至表面变白后取出备用。
3. 锅洗净后加热，倒入约2大匙食用油，放入蛋液快速搅散至蛋略凝固。
4. 转中火，放入米饭、牛肉片、熟豌豆仁、胡萝卜丁、葱花及姜黄粉，翻炒至饭粒完全散开且均匀上色。
5. 最后加入盐，持续以中火翻炒至饭粒松香即可。

三文鱼炒饭

材料

米饭	220克
熟豌豆仁	40克
三文鱼肉	50克
葱花	20克
鸡蛋	1个

调料

盐	1/2茶匙
白胡椒粉	1/6茶匙

做法

① 鸡蛋打散；三文鱼肉先煎香后剥碎备用。

② 热锅，倒入约2大匙食用油，放入蛋液快速搅散至蛋略凝固。

③ 转中火，放入米饭、熟豌豆仁、三文鱼肉及葱花，翻炒至饭粒完全散开。

④ 再加入盐、白胡椒粉，持续以中火翻炒至饭粒松香均匀即可。

119

XO酱虾仁炒饭

📋 **材料**

米饭220克，葱花20克，虾仁100克，生菜50克，鸡蛋1个

🍶 **调料**

XO酱2大匙，酱油1大匙

📖 **做法**

① 生菜洗净切碎；鸡蛋打散；虾仁焯烫熟后沥干备用。

② 热锅，倒入约2大匙食用油，放入蛋液快速搅散至蛋略凝固。

③ 转中火，放入米饭及葱花，翻炒至饭粒完全散开。

④ 再加入XO酱、虾仁、酱油炒至均匀，最后加入生菜，持续以中火翻炒至饭粒松香均匀即可。

香椿香菇炒饭

📋 **材料**

米饭220克，姜末10克，香菇30克，胡萝卜40克，圆白菜80克

🍶 **调料**

香椿酱1大匙，酱油2大匙，白胡椒粉1/4茶匙

📖 **做法**

① 香菇及圆白菜洗净切小片；胡萝卜洗净切小丁备用。

② 热锅，倒入约2大匙食用油，放入姜末、香蘑菇片及胡萝卜丁以小火炒香。

③ 转中火，放入米饭、圆白菜及香椿酱，翻炒至饭粒完全散开且均匀上色。

④ 最后加入酱油及白胡椒粉，持续以中火翻炒至饭粒松香均匀即可。

翡翠炒饭

材料

米饭220克，洋腿60克，蒜末10克，葱花20克，菠菜叶80克，鸡蛋1个

调料

酱油1大匙，盐1/8茶匙，白胡椒粉1/4茶匙

做法

1. 鸡蛋打散；菠菜叶焯烫5秒钟后取出冲凉，挤干水分并切成碎末；火腿切细丁，备用。
2. 热锅，倒入约2大匙食用油，放入蛋液快速搅散至蛋略凝固，再加入蒜末炒香。
3. 转中火，放入米饭、火腿丁、菠菜末及葱花，翻炒至饭粒完全散开均匀。
4. 最后加入酱油、盐及白胡椒粉，持续以中火翻炒至饭粒松香均匀即可。

樱花虾咖喱炒饭

材料

米饭1碗，樱花虾2大匙，猪绞肉50克，玉米笋3根，葱2根，蒜头2瓣，水100毫升

调料

咖喱块1个，黑胡椒碎少许

做法

1. 咖喱块加水溶解；玉米笋洗净切丁；蒜头洗净切末；葱洗净切花，备用。
2. 热锅，干炒樱花虾至香味散出，取出备用。
3. 锅中加入适量的食用油，放入蒜末、猪绞肉炒至变色，再放入玉米笋丁炒匀。
4. 放入米饭炒散后，加入咖喱水及黑胡椒碎炒匀。
5. 最后加入樱花虾、葱花炒匀即可。

牛肉西芹炒饭

🍜 **材料**
米饭1碗，牛肉120克，洋葱1/2颗，西芹2根，胡萝卜50克，香菜梗2根，水100毫升

🧂 **调料**
咖喱块1个，黑胡椒粉少许

🍳 **做法**
① 咖喱块加水溶解；牛肉、洋葱、西芹、胡萝卜洗净切丁；香菜梗洗净切末，备用。
② 热锅，倒入适量的食用油，放入洋葱丁爆香，再放入西芹丁及胡萝卜丁炒香。
③ 再放入牛肉丁及香菜梗末炒匀后，加入米饭炒散。
④ 加入咖喱水炒匀，再以黑胡椒粉调味即可。

蔬菜酸辣蛋炒饭

🍜 **材料**
米饭1碗，上海青2根，猪绞肉150克，鸡蛋1个，蒜头2瓣，辣椒1/2个，水50毫升

🧂 **调料**
泰式酸辣汤块1/2块，黑胡椒粉少许，盐1/4小匙

🍳 **做法**
① 泰式酸辣汤块加水溶解；上海青洗净切丝；蒜头与辣椒洗净切片；鸡蛋打匀成蛋液，备用。
② 热锅，倒入1大匙的食用油，到入蛋液炒至凝固，取出备用。
③ 锅中再倒入少许食用油，加入猪绞肉爆香，再加入做法1的材料炒香。
④ 加入米饭、泰式酸辣汤汁、黑胡椒粉与盐炒匀后，加入蛋液翻炒均匀即可。

酸辣鸡粒炒饭

🍲 **材料**
米饭1碗，鸡胸肉1片，玉米粒3大匙，葱2根，
蒜头2瓣，辣椒1/3个

🧂 **腌料**
淀粉1小匙，香油1小匙

🧂 **调料**
泰式酸辣汤块1/2块，盐1/4小匙，水50毫升

📋 **做法**

❶ 泰式酸辣汤块加水溶解；鸡胸肉洗净切成小
丁状，加入腌料腌渍约10分钟，放入热油
锅中过油，取出沥油。葱洗净切花；蒜头与
辣椒洗净切片；玉米粒洗净沥干，备用。

❷ 热锅，倒入1大匙食用油，加入葱、蒜头、辣
椒、玉米粒以中火炒香，再加入鸡肉丁爆香。

❸ 加入米饭、泰式酸辣汤汁、盐一起翻炒均
匀即可。

泰式炒面

🍲 **材料**
煮熟越南干粉条150克，辣椒10克，洋葱30克，
猪肉馅50克，蒜头10克，罗勒10克，水400毫升，
新鲜罗勒叶少许

🧂 **调料**
鱼露1大匙，糖1大匙，柠檬汁1大匙，香油1小匙，
胡椒粉1小匙

📋 **做法**

❶ 辣椒、洋葱、蒜头和罗勒洗净，切碎末备用。

❷ 取锅，加入少许食用油烧热，放入猪肉馅
和做法1的全部材料炒香。

❸ 再加入煮熟越南干粉条和调料焖煮至熟，
起锅前再放入新鲜罗勒叶即可。

日式炒乌龙面

🍥 材料
乌龙面	150克
葱	20克
胡萝卜	10克
鱼板	30克
竹笋	10克
香菇	10克
猪肉丝	30克
柴鱼片	10克
水	600毫升

🧂 调料
和风酱	2大匙
黑胡椒粉	1小匙
糖	1/2小匙
食用油	少许

📖 做法
❶ 葱洗净切段；胡萝卜、竹笋洗净切丝；鱼板洗净切小片；香菇洗净切片备用。

❷ 取锅，加入少许食用油烧热，放入猪肉丝和做法1的全部材料炒香。

❸ 再加入乌龙面和所有调料焖煮至熟，放上柴鱼片即可。

里脊炒面

材料
煮熟菠菜面150克，白菜30克，猪里脊肉50克，红甜椒20克，洋葱10克，红薯粉少许，水400毫升

调料
酱油1小匙，蚝油1小匙，糖1小匙，
白胡椒粉1/2小匙

做法
1. 猪里脊肉洗净切条，均匀蘸上红薯粉后，放入油锅中炸熟后捞起沥油备用。
2. 洋葱、红甜椒和白菜洗净，切条备用。
3. 取锅，加入适量食用油烧热，放入洋葱条、红甜椒条、大白菜条炒香。
4. 再加入熟菠菜面、所有调料和猪里脊肉条焖煮至熟即可。

肉丝炒面

材料
宽面200克，胡萝卜丝15克，黑木耳丝40克，肉丝100克，姜丝5克，葱末10克，高汤60毫升

调料
A：酱油1大匙，糖1/4小匙，盐少许，料酒1小匙，陈醋1/2大匙
B：香油少许，色拉油2大匙

做法
1. 煮一锅沸水，将宽面放入滚水中煮约4分钟后捞起，冲冷水至凉后捞起、沥干备用。
2. 热锅，倒入色拉油烧热，放入葱末、姜丝爆香，再加入肉丝炒至变色。
3. 于锅内放入黑木耳丝和胡萝卜丝炒匀，再加入调料A、高汤和宽面一起快炒至入味，起锅前再加入香油拌匀即可。

台式炒面

📋 材料
油面150克，韭菜10克，洋葱30克，胡萝卜10克，猪肉丝50克，油葱酥10克，虾米10克

🫙 腌料
酱油1大匙，鸡精1/2小匙，白胡椒粉1/2小匙，陈醋1小匙，水400毫升，糖1/2小匙

🫙 调料
盐1/2茶匙

🍳 做法
1. 韭菜洗净切段；洋葱、胡萝卜洗净切丝备用。
2. 取锅，加入适量食用油烧热，放入油葱酥、虾米、洋葱丝和胡萝卜丝炒香。
3. 再加入猪肉丝、油面和所有腌料拌炒均匀，加锅盖焖煮至水分略收干即可盛盘。
4. 加入猪肉丝和调料焖煮至水略收干，再放入韭菜段略拌炒均匀即可。

沙茶羊肉炒面

📋 材料
油面150克，羊肉片50克，洋葱20克，胡萝卜10克，空心菜30克，油葱酥10克

🫙 腌料
食用油、酱油、料酒各1/2小匙，淀粉1小匙

🫙 调料
沙茶酱1大匙，酱油1大匙，糖1小匙，料酒1大匙，白胡椒粉1/2小匙，水400毫升

🍳 做法
1. 羊肉片放入混合拌匀的腌料中腌约10分钟备用。
2. 洋葱和胡萝卜洗净切丝；空心菜洗净切段备用。
3. 取锅，加入适量食用油烧热，放入油葱酥、洋葱丝和胡萝卜丝炒香。
4. 续加入油面、所有调料和羊肉片略拌炒均匀，加锅盖焖煮至水分略收干，再放入空心段略拌炒均即可。

鳝鱼炒意大利面

📋 材料
熟意大利面150克,鳝鱼100克,竹笋30克,韭黄30克,胡萝卜10克,洋葱10克,油葱酥10克,水500毫升

📋 调料
酱油1大匙,陈醋1小匙,料酒1大匙,糖1小匙,

📋 做法
1. 鳝鱼洗净切条;竹笋、韭黄洗净切条;胡萝卜、洋葱洗净切丝备用。
2. 取锅,加入适量食用油烧热,加入油葱酥、竹笋条、韭黄条、胡萝卜丝和洋葱丝炒香。
3. 再加入鳝鱼条、熟意大利面和所有调料焖煮至熟即可。

猪肝炒面

📋 材料
煮熟鸡蛋面100克,猪肝30克,葱50克,姜10克,胡萝卜10克,油葱酥10克,水300毫升

📋 调料
酱油1大匙,香油1小匙

📋 做法
1. 猪肝洗净切片;葱洗净切段;胡萝卜洗净切片;姜洗净切片。
2. 取锅,加入少许香油和油葱酥炒香,放入做法1的材料、熟鸡蛋面和所有调料焖煮至熟后即可。

海鲜炒面

🦐 材料

鸡蛋面	150克
鱿鱼	20克
虾仁	20克
蛤蜊	20克
圆白菜	20克
胡萝卜丝	10克
葱段	40克
油葱酥	10克
水	300毫升

🧂 调料

酱油	1大匙
鸡精	1/2小匙
白胡椒粉	1/2小匙
陈醋	1小匙
料酒	1大匙
糖	1/2小匙

📋 做法

① 取汤锅，加入1500毫升的水煮滚，放入少许盐和100毫升冷水(材料外)拌匀后，加入面条煮至锅中的水滚沸后，再加入100毫升冷水(材料外)煮滚，最后再加入100毫升冷水(材料外)煮滚后，捞起面条沥干拌油，备用。

② 鱿鱼洗净切长条；虾仁和蛤蜊洗净，将上述全部食材放入滚水中略焯烫后，捞起沥干备用。圆白菜洗净剥小片。

③ 取锅，加入适量食用油烧热，放入油葱酥、圆白菜叶、胡萝卜丝和葱段炒香，加入料酒、鱿鱼、虾仁、蛤蜊、面条和所有调料拌炒均匀，盖上锅盖焖煮至水分略收干即可盛盘。

罗汉斋炒面

材料
熟菠菜面150克，香菇3朵，竹笋20克，豆干10克，胡萝卜10克，黄豆芽10克，金针菜10克

调料
酱油1大匙，白胡椒粉1/2小匙，香油1小匙，糖1/2小匙，水400毫升

做法
1. 香菇、竹笋、豆干和胡萝卜洗净切丝备用。黄豆芽、金针菜洗净备用。
2. 取锅，加入少许食用油烧热，加入全部切好的丝炒香。
3. 续加入金针菜、熟菠菜面和所有调料焖煮至熟后，再加入黄豆芽即可。

三丝炒面

材料
熟鸡蛋面150克，黑木耳10克，胡萝卜10克，小黄瓜10克，洋葱20克，肉丝20克，水500毫升

调料
白胡椒粉1/2小匙，盐1/2小匙，陈醋1小匙，糖1小匙

做法
1. 黑木耳、胡萝卜、小黄瓜和洋葱洗净沥干，切丝备用。
2. 取锅，加入少许食用油烧热，放入洋葱丝和肉丝炒香后，加入剩余的材料和熟鸡蛋面、所有调料拌炒焖煮至熟即可。

什锦乌龙面

材料
乌龙面150克, 猪肉片30克, 鱿鱼20克, 虾仁20克,
蛤蜊20克, 鱼板20克, 香菇10克, 竹笋10克,
胡萝卜10克, 水300毫升

调料
酱油1大匙, 香油1小匙

做法
1. 鱿鱼、鱼板、香菇、竹笋和胡萝卜洗净切片
   备用。
2. 取锅, 加入少许食用油烧热, 放入猪肉片、
   蛤蜊、虾仁和做法1的全部材料炒香。
3. 再加入乌龙面和所有调料焖煮至熟即可。

客家炒面

材料
油面150克, 鱿鱼30克, 胡萝卜10克, 韭菜10克,
葱30克, 虾5克, 肉丝20克, 油葱酥5克,
水400毫升

调料
酱油1大匙, 陈醋1小匙, 白胡椒粉1小匙,
香油1/2小匙

做法
1. 鱿鱼和胡萝卜洗净切长条; 韭菜和葱洗净
   切段; 虾洗净备用。
2. 取锅, 加入适量食用油烧热, 放入油葱酥、
   肉丝、虾、葱段、鱿鱼条和胡萝卜条炒香。
3. 再加入油面和所有调料拌炒均匀, 盖上锅
   盖焖煮至水分略收干, 再放入韭菜段略拌
   炒匀即可。

韭菜豆芽炒面

材料
油面	150克
韭菜段	10克
黄豆芽	20克
油葱酥	10克
水	50毫升

调料
肉酱	1罐

做法
① 油面放入滚水中略焯烫后捞起盛盘。

② 韭菜段和黄豆芽放入滚水中略焯烫后，捞起放入面条上。

③ 油葱酥和肉酱放入锅中炒香后，淋至面条上即可。

关键提示 油面本来就是熟的，不需要烫熟，直接入锅炒即可。可是有时出于卫生考虑，放入开水中略微焯烫，但注意千万不要烫太久，否则弹性口感尽失，也会丧失了面条原先的嚼劲。

泡菜炒面

材料

熟细冷面	150克
猪肉片	50克
泡菜	50克
葱	30克
杏鲍菇	20克
水	400毫升

调料

鸡精	1小匙
糖	1小匙

做法

1 葱洗净切段；杏鲍菇洗净切片；泡菜切小片备用。

2 取锅，加入少许食用油烧热，放入猪肉片和葱段、杏鲍菇片炒香。

3 再加入泡菜、熟细冷面和所有调料焖煮至熟即可。

PART 6

香脆酥炸烧烤

酥香焦脆的煎炸食物，总是能唤醒很多人的味觉，
那飘出几里外的香味，让人不禁口水"哗哗"流，
餐桌上来一道炸鸡腿、炸猪排，
即使不爱肉食的人也会忍不住夹上一块，
咬一口细细咀嚼，真的是唇齿留香！

排骨酥

📋 材料
排骨	600克
红薯粉	100克
水	4大匙

🧂 调料
盐	1/4茶匙
淀粉	20克
香油	1大匙
蒜泥	30克
酱油	1大匙
糖	1大匙
料酒	1大匙
五香粉	1/2茶匙
甘草粉	1/4茶匙
白胡椒粉	1/4茶匙

📋 做法
1. 排骨切适当块状，洗净后沥干水分，放入稍大的容器中备用。
2. 将所有调料（淀粉除外）和水依序加入容器中。
3. 将排骨搅拌约5分钟后，盖上保鲜膜，静置腌渍30分钟。
4. 于排骨中加入淀粉拌匀成黏稠状，再均匀沾裹上红薯粉，静置约1分钟返潮备用。
5. 热油锅，待油温烧热至约180℃，放入排骨，以中火炸约5分钟至表皮金黄酥脆，捞出沥油即可。

五香炸猪排

材料
猪里脊排4片(约300克)，水3大匙，蛋液1大匙

腌料
蒜末40克，盐1/4茶匙，鸡精1/4茶匙，糖1茶匙，五香粉1/4茶匙，料酒1大匙，淀粉2大匙

做法
1. 将厚约1厘米的猪里脊排洗净用肉槌拍成厚约0.5厘米的薄片，用刀把猪里脊排的肉筋切断。
2. 所有腌料(淀粉除外)放入果汁机中打成泥后倒入盆中，放入猪里脊排并加入蛋液抓拌均匀，腌渍约20分钟，备用。
3. 将淀粉倒入猪里脊排抓拌均匀，备用。
4. 热油锅至油温约150℃，放入猪里脊排以小火炸约2分钟，再改中火炸至外表金黄酥脆后起锅即可。

关键提示 这道炸猪排的做法属于湿粉炸，先以腌料腌渍入味，蛋液和淀粉包在外层有锁住水分的作用，如此可炸出外表微酥、内层软嫩的猪排，吃起来不干不腻。

经典炸排骨

材料
猪肉排2片(约240克)，葱段20克，姜块20克，蒜泥15克，红薯粉100克，水3大匙

调料
酱油1大匙，糖1茶匙，甘草粉1/4茶匙，料酒1大匙，五香粉1/4茶匙

做法
1. 猪肉排洗净用肉槌拍松断筋。
2. 葱段及姜块拍松放入大碗中，加入水和料酒，抓出汁后挑去葱段和姜块，加入蒜泥和其余调料，拌匀成腌汁。
3. 将猪肉排放入腌汁中腌30分钟取出，均匀沾上红薯粉备用。
4. 热油锅，待油温烧热至约180℃，放入猪肉排，以中火炸约5分钟至表皮金黄酥脆，捞出沥干油分即可。

关键提示 以干粉沾裹猪肉排下油锅炸的时候，一定要确定油温到达180℃，才不会导致猪肉排上的粉脱浆，如此一来才能做出好吃又美观的炸排骨。

奶酪猪排

材料

A：1厘米厚里猪脊肉片(100克)2片，淀粉少许，
　　奶酪40克，卷心菜丝适量，小黄瓜片适量

B：低筋面粉适量，鸡蛋1个(取液)，面包粉适量

调料

盐少许，胡椒粉少许

做法

❶ 将2片猪里脊肉片单面撒上盐、胡椒粉，放
　　置约10分钟后，撒上薄薄的淀粉备用。奶
　　酪切成小块，放在2片猪里脊肉片中间，用
　　手将2片猪里脊肉压紧成猪排。

❷ 将猪排依序蘸上低筋面粉、鸡蛋液、面包
　　粉放入油锅中，以中小火加热至170℃的
　　油温，油炸至表面呈金黄色，拨动后能浮
　　起，即可夹起沥油。

❸ 将猪排盛盘，放入卷心菜丝、小黄瓜片即可。

照烧猪排

材料

中里脊肉300克，玉米笋2根，秋葵2根，
红辣椒适量，面粉适量，鸡蛋液适量，面包粉适量

调料

A：盐适量，胡椒粉适量

B：料酒50毫升，酱油50毫升，糖1/4小匙

做法

❶ 中里脊肉洗净沥干切片，先以肉槌拍打，
　　再撒上调料A，依序蘸上面粉、鸡蛋液和面
　　包粉备用。

❷ 热锅，加入适量的食用油烧热至160℃，将
　　中里脊肉放入炸约4分钟，捞起沥油盛盘。

❸ 另起锅，加适量食用油烧热，放入调料B煮
　　至浓稠，淋至中里脊肉上。

❹ 将红辣椒、玉米笋和秋葵洗净，放入滚水
　　中焯烫后捞起放入盘中即可。

红糟肉

材料
五花肉250克，蒜头5瓣，红薯粉适量

调料
红糟2大匙，糖4大匙，黄酒3大匙

做法
1. 将所有调料放入容器中拌匀，加入拍碎的蒜头，抹在五花肉上，放入冰箱腌3天备用。
2. 将腌好的五花肉蘸上红薯粉，放入120℃的油锅中，以小火炸至金黄。
3. 炸熟后切片摆盘即可。

客家咸猪肉

材料
五花肉600克，蒜头1瓣，卷心菜丝适量

调料
盐2大匙，酱油1大匙，糖1大匙，黑胡椒粉20克，料酒100毫升，五香粉1小匙，甘草粉1/2小匙，

做法
1. 五花肉洗净，横切成大宽片状，沥干备用。
2. 将所有调料放入容器中拌匀，加入拍碎的蒜头，抹在五花肉片上，放入冰箱腌3天备用。
3. 将腌五花肉放入120℃的油锅中，以小火炸至金红色。
4. 炸熟后切片，排入摆满卷心菜丝的盘中即可。

椒盐鸡柳条

材料
去皮鸡胸肉1片(约280克)，牛奶50毫升，
葱花80克，蒜末30克，玉米粉100克，
红辣椒末30克

调料
盐1茶匙，白胡椒粉1/4茶匙

做法
1. 鸡胸肉切成如铅笔粗细的条状，放入碗中，加入牛奶冷藏浸泡20分钟后取出沥干。撒上盐及白胡椒粉抓匀调味，然后蘸裹上玉米粉，静置半分钟反潮。
2. 热油锅至180℃，鸡胸肉条下锅，大火炸至金黄酥脆后捞出沥干油。
3. 锅底留少许食用油，放入葱花、蒜末及红辣椒末炒香，再加入鸡胸肉条，撒上盐炒匀即可。

传统炸鸡排

材料
带骨鸡胸肉1块，红薯粉2杯，水100毫升

腌料
葱2根，姜10克，蒜头40克，五香粉1/4茶匙，
糖1大匙，鸡精1茶匙，酱油1大匙，料酒2大匙，
小苏打1/4茶匙，胡椒盐适量

做法
1. 葱、姜、蒜头洗净加水打成汁，滤掉渣，加入其余腌料拌匀成腌汁。鸡胸肉处理干净，依照想要的厚度切成鸡排，倒入腌汁，盖上保鲜膜后腌渍约2个小时。
2. 取出鸡排滤除腌汁，放入红薯粉中，两面都蘸上红薯粉，用手掌按压让红薯粉粘紧，随后抖掉多余的红薯粉，静置1分钟。
3. 热油锅至油温约180℃时放入鸡排炸至表面金黄酥脆起锅，撒上适量胡椒盐即可。

香香鸡块

材料
鸡腿肉	300克
芝麻面糊	2杯

调料
A:
蒜香粉	1/2茶匙
五香粉	1/4茶匙
盐	1/4茶匙
料酒	1大匙
糖	1茶匙

B:
椒盐粉	1茶匙

做法
1. 鸡腿肉洗净剁小块；将鸡肉块与调料A一起放入碗中腌渍30分钟后，加入芝麻面糊拌匀。
2. 热一锅油，待油温烧热至约180℃，放入鸡腿块以中火炸约4分钟至表皮金黄酥脆后捞出沥干油。
3. 食用时可蘸适量椒盐粉。

芝麻面糊

材料： 低筋面粉70克，玉米粉70克，白芝麻70克，盐1茶匙，糖2茶匙，白胡椒粉1茶匙，水150克

做法： 低筋面粉、玉米粉、白芝麻、盐、糖及白胡椒粉先混合拌匀，再加入水搅拌均匀即可。

咸酥鸡

材料
去骨鸡胸肉1块，罗勒叶适量，红薯粉100克

腌料
姜母粉1/4茶匙，蒜香粉1/2茶匙，五香粉1/4茶匙，糖1大匙，料酒1大匙，酱油2大匙，水2大匙，椒盐粉适量

做法
1. 鸡胸肉洗净后去皮切小块；罗勒洗净沥干。将所有腌料（椒盐粉除外）混合调匀成腌汁，腌渍鸡胸肉块1个小时。
2. 捞出鸡肉沥干，均匀蘸裹红薯粉后静置30秒回潮备用。
3. 热油锅，待油温烧热至约180℃，放入鸡胸肉块，以中火炸至表皮金黄酥脆，捞出沥干油，撒上椒盐粉，再将罗勒略炸，放在鸡胸肉块上即可。

蒜香炸鸡腿

材料
鸡腿2个，蒜末50克，苹果1/2个，蜜梨1/2个，葱段15克，香菜梗5克，水50毫升，鸡蛋1/2个（取液），低筋面粉20克，红薯粉适量

卤汁
酱油1小匙，白胡椒粉1/4小匙，盐1小匙，料酒2大匙，糖1小匙，肉桂粉少许

做法
1. 鸡腿洗净于肉较厚处划一刀；苹果和蜜梨洗净去籽切片；蒜末炒至香味散出。
2. 将苹果片、蜜梨片、葱段、香菜梗、蒜末和水，放入所有卤汁材料，搅打均匀成腌汁，放入鸡腿拌匀，放入冰箱冷藏腌渍1天。
3. 将鸡腿取出，放入蛋液、低筋面粉拌匀，再取出蘸裹上红薯粉，静置回潮约10分钟。
4. 烧一锅油，待油温上升至170℃~180℃时，放入鸡腿肉，炸至金黄，捞起沥油即可。

炸虾

🍤 材料

虾　　　　　　10尾
天妇罗粉浆　　2杯
高汤　　　　　1大匙
萝卜泥　　　　1大匙

🍶 调料

鲣鱼酱油　　　1大匙
味醂　　　　　1茶匙

天妇罗粉浆

材料： 低筋面粉40克，玉米粉20克，冰水75毫升，蛋黄1个

做法： 先将低筋面粉与玉米粉拌匀，加入冰水后以搅拌器迅速拌匀，最后加入蛋黄拌匀即可。

🍳 做法

❶ 将虾洗净，剥除头及身上的壳，仅留下尾部的壳；所有调料调匀成蘸汁，备用。

❷ 将虾腹部横划几刀，至虾身的一半不切断，再将虾摊直，并用手指将虾身挤压成长条，接着表面蘸上一些干面粉(材料外)。

❸ 热锅，倒入约400毫升色拉油，以大火将食用油烧热至约160℃后转小火，先捞少许天妇罗粉浆洒入油锅中，让粉浆形成小颗的脆面粒。续用长筷子将浮在表面的面粒集中在油锅边，迅速地将虾蘸上天妇罗粉浆后放入面粒集中处炸，使其粘上脆面粒。

❹ 转中火，炸约半分钟至表皮金黄酥脆时，再捞起沥干油即可。

辣味炸鸡翅

材料

A:
鸡翅　　5个
B:
玉米粉　　1/2杯
水　　25毫升

腌料

盐	1/2茶匙
糖	1茶匙
香蒜粉	1/2茶匙
洋葱粉	1/2茶匙
肉桂粉	1/4茶匙
辣椒粉	1/2茶匙
料酒	1大匙

做法

1. 鸡翅洗净后剪去翅尖沥干备用。
2. 将所有腌料和材料B一起放入盆中，拌匀成稠状腌汁。
3. 将鸡翅放入淹汁中腌渍1个小时。
4. 热油锅，待油温热至约180℃，放入腌渍好的鸡翅，以中火炸约13分钟，至表皮金黄酥脆时捞出沥干油即可。

粉丝炸虾

🦐 **材料**

虾10尾，粉丝1把，鸡蛋1个(取液)，面粉50克

🧂 **调料**

盐适量，白胡椒粉适量，色拉油500毫升

📋 **做法**

❶ 将虾去壳、去筋洗净，在虾腹部划数刀，以防止卷曲。

❷ 粉丝剪成长约3厘米的粉丝段，泡发好备用。

❸ 在虾肉上，撒上盐和白胡椒粉，再依序沾上面粉、鸡蛋液和粉丝段备用。

❹ 取锅，加入500毫升的色拉油烧热至180℃，放入虾炸约6分钟至外观呈金黄色，捞起沥油即可。

芝麻杏仁炸虾

🦐 **材料**

A: 虾6尾

B: 玉米粉30克，鸡蛋2个（取液），杏仁粒50克，熟白芝麻20克

🧂 **调料**

A: 盐1/4小匙，料酒1小匙

B: 沙拉酱1大匙，椒盐粉1小匙

📋 **做法**

❶ 剥除虾的头及壳，保留尾部，洗净用刀子从虾的背部剖开至腹部，但不切断，摊开呈一片宽叶的形状，加入调料A拌匀，备用。

❷ 杏仁粒与熟白芝麻混合；将虾身均匀地蘸上玉米粉后，再蘸上蛋液，最后再蘸上混匀的杏仁粒与熟白芝麻，并压紧。

❸ 热锅，放入适量食用油，待油温热至约120℃，将虾放入锅中，以中火炸至表皮呈金黄酥脆状，捞起沥干油，蘸沙拉酱或椒盐粉食用。

烤羊肉串

材料
火锅羊肉片1盒

调料
A：酱油1/2小匙，料酒1小匙，盐少许，糖1/2小匙
B：孜然粉少许，辣椒粉少许

做法
❶ 火锅羊肉片加入调料A拌匀，腌约5分钟，用竹签串起备用。
❷ 将腌好的羊肉串放入烤箱中，以180℃烤约5分钟至熟。
❸ 将烤熟的羊肉串取出，撒上孜然粉、辣椒粉调味即可。

> **关键提示** 新鲜的羊肉通常烤到七八分熟即可，全熟的肉质会太硬太干，口感反而不好。尤其是像火锅羊肉片十分薄嫩、易熟，千万不要烤太久。

焗烤奶油虾

材料
虾4尾，蛋黄1个，低筋面粉90克，冷开水400克

调料
奶油100克，动物性鲜奶油400克，盐5克，糖7克，奶酪粉20克

做法
❶ 奶油以小火煮至融化，再倒入低筋面粉炒至糊化，接着再慢慢倒入冷开水把面糊煮开，最后加入鲜奶油、盐、糖和奶酪粉拌匀，再加入蛋黄拌匀备用。
❷ 虾洗净沥干，剪去虾头最前端处，从背部纵向剪开(不要剪断)，去沙泥，排入盘中，淋上做法1的调料。
❸ 放入预热烤箱中，以上火250℃、下火150℃烤约5分钟，至表面呈金黄色泽即可。

蜜汁烤排骨

材料
猪小排500克, 蒜末30克, 姜末20克, 水30毫升

调料
A: 酱油1茶匙, 五香粉1/4茶匙, 糖1大匙,
　　豆瓣酱1/2大匙
B: 麦芽糖30克

做法
1. 猪小排洗净剁成长约5厘米的块状, 洗净沥干, 将调料A混合均匀涂抹于肉排上腌20分钟备用。
2. 将麦芽糖及水一同煮成酱汁备用。
3. 烤箱预热至200℃, 取腌好的肉排平铺于烤盘上, 放入烤箱烤约20分钟。
4. 取出烤好的肉排, 刷上酱汁即可。

蜜汁烤鸡腿

材料
鸡腿10支, 熟白芝麻适量

腌料
姜片3片, 葱段10克, 蒜末10克, 酱油3大匙,
糖1大匙, 香油少许, 料酒1大匙, 蚝油1小匙,
番茄酱1大匙, 五香粉少许, 蜂蜜少许

做法
1. 鸡腿洗净、沥干, 放入盆中, 再加入所有腌料(蜂蜜除外)一起拌匀, 腌渍约30分钟。
2. 将鸡腿从腌料中取出, 排放在烤盘上, 再移入已预热的烤箱中, 以200℃烤约10分钟, 接着取出均匀刷上腌料, 翻面继续放入烤箱中, 烤约10分钟再取出, 趁热刷上蜂蜜后再入烤箱略烤至上色。
3. 取出后于表面再刷上蜂蜜, 食用时可撒上熟白芝麻即可。

蒜香鲷鱼片

🐟 材料
鲷鱼肉300克，葱末20克，红辣椒末5克，
蒜头酥30克

🥣 腌料
盐1/4茶匙，蛋液2大匙

🥣 调料
盐1茶匙，淀粉适量

🍽 做法
1. 鲷鱼肉洗净切厚块后，用厨房纸巾略为吸干，加入腌料拌匀，腌渍入味备用。
2. 将鲷鱼肉均匀的蘸裹上淀粉，热油锅，待油温烧热至约160℃，放入鲷鱼肉，以大火炸约1分钟至表皮酥脆，捞出沥干油。
3. 锅底留少许食用油，以小火炒香葱末及红辣椒末后，加入蒜头酥、鲷鱼片及调料炒匀即可。

蜜汁鳕鱼片

🐟 材料
圆鳕片300克，熟白芝麻少许，红薯粉适量

🥣 调料
A：糖少许，水120毫升，酱油1大匙，白醋1大匙，番茄酱1小匙
B：龙眼蜜1大匙，水淀粉适量

🥣 腌料
盐少许，料酒1大匙，蛋液1大匙，姜片10克

🍽 做法
1. 圆鳕片洗净去皮去骨切小片，加入所有腌料腌约10分钟，再蘸裹红薯粉备用。
2. 热锅，倒入稍多的油，待油温热至160℃，放入鱼片炸约2分钟，捞起沥油后盛盘。
3. 将调料A混合后煮沸，加入龙眼蜜拌匀，再加入水淀粉勾芡，撒入熟白芝麻拌匀成蜜汁酱，淋在鱼片上即可。

泰式酥炸鱼柳

🐟 **材料**

鲷鱼肉200克, 红辣椒末1/4小匙, 香菜末1/4小匙,
蒜末1/4小匙, 鸡蛋2个(取液), 红薯粉4大匙

🧂 **调料**

淀粉1大匙, 甜辣酱2大匙

🧂 **腌料**

鱼露1/2大匙，椰糖1/4小匙，酒2大匙

📋 **做法**

❶ 鲷鱼肉洗净切条，加入腌料腌约10分钟。

❷ 将蛋液、红薯粉、淀粉混合拌匀，裹在做
法1的鲷鱼条表面。

❸ 热油锅，以中大火将油烧热至约200℃，放
入鲷鱼条炸3～5分钟至表面呈金黄色，取
出沥油。

❹ 将炸好的鲷鱼条与红辣椒末、蒜末、香菜
末拌匀，蘸甜辣酱食用即可。

椒盐鱿鱼

🐟 **材料**

鱿鱼300克，葱10克，蒜头5克，红辣椒5克，
红薯粉适量

🧂 **调料**

盐1小匙，白胡椒粉1/2小匙

📋 **做法**

❶ 鱿鱼洗净去表面白膜，切成圈状，蘸红薯粉
放入140℃的油锅中炸熟，捞起备用。

❷ 葱、蒜头、红辣椒洗净切末备用。

❸ 热锅，倒入适量的食用油，加入做法2的所
有材料爆香。

❹ 再加入鱿鱼和所有调料快炒均匀即可。

酥炸墨鱼丸

🐟 材料
墨鱼80克，鱼浆80克，白馒头30克，鸡蛋1个

🧂 腌料
盐1/4茶匙，糖1/4茶匙，胡椒粉1/4茶匙，
香油1/2茶匙，淀粉1/2茶匙

🍳 做法
1. 墨鱼洗净切小丁、吸干水分，备用。
2. 白馒头泡水至软，挤去多余水分，备用。
3. 将做法1、做法2的材料加入鱼浆、鸡蛋、
   所有腌料混合搅拌匀，挤成数颗丸子状，再
   放入油锅中以小火炸约4分钟至金黄浮起，
   捞出沥油后盛盘即可。

咖喱烤虾

🐟 材料
虾300克

🧂 腌料
咖喱粉1大匙，酱油1/2小匙，糖1/4小匙，
白胡椒1/4小匙

🍳 做法
1. 虾洗净、剪去头须，剖开背部、去肠泥，
   备用。
2. 将虾加入所有腌料，拌匀腌渍约10分钟，
   备用。
3. 烤箱预热至180℃，放入腌好的虾烤约5分
   钟至干香即可取出。

脆皮红薯

材料
去皮红薯300克，水1.5碗

调料
胡椒盐适量，脆浆粉1碗，色拉油1大匙

做法

❶ 去皮红薯洗净切成2厘米厚片，泡水略洗沥干备用。

❷ 在脆浆粉中分次加入水拌匀，再加入色拉油搅匀。

❸ 将红薯片蘸裹脆浆，放入约120℃的油锅中以小火炸3分钟，再转大火炸30秒捞出沥油盛盘。

❹ 食用时再搭配胡椒盐即可。

炸洋葱圈

材料
A：洋葱1个，面包粉100克
B：面粉1/2杯，米粉1/2杯，泡打粉1茶匙，水140毫升

调料
椒盐粉或番茄酱少许

做法

❶ 洋葱去皮及蒂后洗净，整个横切成宽约0.5厘米片状，再将洋葱剥开成圈，备用。

❷ 所有材料B调成面糊，备用。

❸ 热油锅，待油温烧热至约160℃时，将洋葱圈先沾裹上面糊，再裹上面包粉后下锅炸，以中火炸约30秒至表皮呈金黄色时捞出沥干油，蘸番茄酱或椒盐粉食用即可。

炸蔬菜天妇罗

材料
茄子80克，青椒50克，红椒60克，高汤1大匙，萝卜泥1大匙，芹菜嫩叶20克

调料
鲣鱼酱油1大匙，天妇罗粉浆2杯，味酥1茶匙

做法
1. 将茄子洗净切花；青椒、红椒洗净，切圈状后去籽；芹菜嫩叶洗净；所有调料调匀成蘸汁，备用。
2. 热锅，倒入约400毫升色拉油，以大火将食用油烧热至约180℃，将蔬菜均匀地沾裹上天妇罗粉浆后放入锅内炸约10秒至表皮呈现金黄酥脆时，再捞起沥干油，蘸取适量蘸汁食用即可。

炸芋球

材料
芋头1个，牛肉馅100克，洋葱1/2个，低筋面粉适量

调料
盐少许

做法
1. 芋头去皮、洗净切片，放入蒸笼中以大火蒸至熟软，取出捣成泥；洋葱洗净切末，备用。
2. 将牛肉馅、洋葱末、盐加入芋泥中再加低筋面粉搅拌均匀。
3. 把拌好的芋泥捏成球状，表面蘸裹低筋面粉，备用。
4. 取一油锅，油加热至180℃，放入芋球炸至表面呈金黄色，捞起沥油即可。

PART 7

精致餐后甜品

到餐厅大打牙祭，
酒足饭饱后再来一点甜汤、小点心，真是再满足不过了。
自己动手制作餐厅常吃得到的甜汤和小点心，
如紫米粥、八宝饭、拔丝红薯、豆沙锅饼等，
让你在家宴客时使宾客倍感温馨。

紫米桂圆糯米粥

材料
紫米150克，圆糯米100克，桂圆肉50克，水2500毫升

调料
冰糖100克，料酒30毫升

做法

① 桂圆肉洗净沥干水分，加入料酒抓拌均匀，备用。

② 圆糯米、紫米洗净，泡入冷水中浸泡约2个小时后捞出沥干备用。

③ 取深锅，加入水、圆糯米和紫米，以大火煮至滚沸后转小火煮约40分钟，再加入桂圆肉煮约15分钟，倒入冰糖搅拌至冰糖溶化即可。

> **关键提示** 紫米香气浓郁但缺乏黏性，单独吃起来有点涩，加入黏度高的圆糯米一起煮粥口感才好。

莲子银耳羹

材料
干莲子150克，干银耳20克，红枣5颗，水800毫升

调料
冰糖60克

做法

① 干莲子洗净，泡入85℃温水中，浸泡约1个小时至软，再用牙签挑除黑色莲心。

② 干银耳泡水至涨发，剪掉蒂头后洗净。

③ 将莲子加200毫升的水，放入蒸锅内，以中火蒸约45分钟，至软透后取出。

④ 取汤锅，加入其余600毫升的水，放入银耳、红枣煮滚，再加入莲子以小火煮约20分钟，加入冰糖拌匀，煮至溶化即可。

> **关键提示** 莲子中心有一深绿色的胚芽，味道极苦，入药时有特定疗效，但是煮甜品时会破坏口感，一定要仔细去除再使用，或是购买已经去除莲心的莲子，使用起来更方便。

花生甜粥

材料
花生米200克，薏苡仁100克，红枣12颗，水500毫升

调料
糖100克

做法

1. 花生米洗净沥干水分，泡入冷水中浸泡约5个小时后捞出沥干备用。
2. 红枣洗净泡入冷水中；薏苡仁洗净，沥干水分备用。
3. 取深锅，加入水和花生米，以大火煮至滚沸后转至小火，盖上锅盖煮约30分钟，再加入薏苡仁和红枣煮约20分钟，倒入糖搅拌至糖溶化即可。

芋头椰汁西米露

材料
西米80克,芋头100克,,椰浆50毫升,水500毫升

调料
糖80克

做法

1. 芋头去皮、洗净切成滚刀块，加入500毫升的水，以小火煮约40分钟，至芋头熟透变软。
2. 将糖倒入锅中，用打蛋器均匀搅拌至糖融化；芋头打成泥放凉。
3. 另取锅，加入10倍西米重量的水煮滚（如80克西米，需加入800毫升的水量），接着加入西米煮滚。
4. 随后转中小火续煮约10分钟，需略搅拌使米粒分明不粘黏，煮好后捞出，用冷开水冲至完全冷却沥干，放入芋泥锅中，加入椰浆及煮熟的西米即可。

杏仁豆腐

材料
杏仁露2大匙，鱼胶粉2大匙，炼乳3大匙，
什锦水果3大匙，水500毫升

调料
糖水300毫升

做法
1. 取锅，加入500毫升水煮滚，再加入炼乳煮至均匀，接着加入鱼胶粉、杏仁露拌匀至溶化。
2. 将杏仁露倒入容器内，静置待凉后放入冰箱冷藏至凝固后取出，即为杏仁豆腐。
3. 将杏仁豆腐切成小方丁，加入糖水及什锦水果混合即可。

甘露果盅

材料
哈密瓜1个，莲子8颗，桂圆肉4颗，枸杞子1大匙，
银耳5克，新鲜百合30克，白果5颗，红枣5颗，
甘蔗汁300毫升

做法
1. 将哈密瓜上方约1/3处切下作为瓜盖(可搭配刀具做简单的果雕)，挖除下方哈密瓜果盅内的籽囊，再切除适量果肉，让哈密瓜盅内空间变大。
2. 将哈密瓜以外的所有材料处理干净放入锅中，以中火煮至滚沸，熄火备用。
3. 将汤汁和材料倒入瓜盅内，盖上瓜盖放入蒸笼以中火蒸约20分钟即可。

汤圆

📋 **材料**

A：糯米粉200克，水100克
B：澄粉75克，开水55毫升

🧂 **调料**

糖60克，猪油60克

🍳 **做法**

① 将材料A混合搓匀至糖完全溶化备用。

② 材料B的澄粉一边搅拌一边缓缓倒入开水拌匀，加入做法1中揉匀后，加入猪油充分揉匀并均匀揉成数个小圆球状。

③ 取锅煮水至滚沸，放入汤圆轻轻搅拌，待浮出水面即可。

草饼

📋 **材料**

糯米粉100克，水100克，玉米粉20克

🧂 **调料**

花生粉1杯，糖3大匙

🍳 **做法**

① 将材料拌匀成粉浆，放入锅中，于电饭锅外锅加1杯水，按下开关，待跳起后取出，用筷子搅拌约1分钟至有弹性后分成小块。

② 取花生粉及糖混合，再将草饼裹上花生粉即可。

关键提示　一般在家自制草饼，会使用纯糯米粉，成品放置一会儿就会塌陷成扁平状，而餐厅会加入少许玉米粉，做出来的形状较稳定。

八宝粥

圆糯米150克，糙米150克，绿豆60克，
莲子50克，红豆100克，花豆100克，
薏苡仁50克，桂圆肉50克，水4000毫升

📋 调料
糖250克，料酒30毫升

📋 做法

① 红豆、花豆、莲子、薏苡仁、糙米洗净，泡
入冷水中浸泡约5个小时后捞出沥干备用。

② 圆糯米、绿豆洗净，泡入冷水中浸泡约2小
时后捞出沥干备用。

③ 桂圆肉洗净沥干水分，加入料酒抓拌均匀，
备用。

④ 取深锅，加入水和红豆、花豆、莲子、薏苡
仁、糙米以及圆糯米、绿豆，至糖溶化即可。

奶黄包

📋 面皮材料
A：中筋面粉300克，蛋黄粉20克，速溶酵母3克，
　　泡打粉3克，糖15克
B：水130克，猪油15克

📋 内馅材料
A：奶油50克
B：鸡蛋3个，澄粉50克，蛋黄粉1匙，牛奶130克，
　　糖180克

📋 做法

① 将面皮材料A倒入搅拌机内拌匀，再慢慢加
水以低速搅拌均匀后，改成中速打成光滑的
面团，最后加入猪油拌匀，发酵约15分钟。

② 先融化奶油，将内馅材料B拌匀后，加入奶油
拌匀，再放入电饭锅内蒸约15分钟取出。

③ 将面团分成每个30克，擀成圆面皮，包入奶
黄馅成包子，发酵15～20分钟。将奶黄包放
入蒸笼中，小火蒸10～12分钟即可。

豆沙锅饼

📋 **材料**

中筋面粉100克，鸡蛋1个，鱼胶粉10克，水150毫升，豆沙40克，花生粉适量

📋 **做法**

1. 中筋面粉与鱼胶粉混合，再加入水搅拌均匀，并拌打至有筋性后，加入鸡蛋拌匀。

2. 平底锅加热，抹上少许食用油，将面糊分2次摊平煎成薄饼，只需煎一面即可起锅。

3. 将豆沙蒸软后分成2份，铺于饼面后从左右两边1/3处折至中心线后再对折成长条形。

4. 平底锅加入1大匙食用油热锅，放入做法3的面饼煎至两面金黄取出，切小块，洒上花生粉即可。

焦糖拔丝红薯

📋 **材料**

A：红薯1个，熟黑芝麻适量
B：麦芽40克，水30毫升

📋 **调料**

糖50克

📋 **做法**

1. 红薯洗净并去皮后，切适当块状备用。

2. 热油锅，待食用油烧热至160℃时，将红薯块放入锅中油炸至软，再将食用油烧热至180℃，将红薯块炸成酥脆状后，盛起沥油备用。

3. 另取锅，于锅中放入材料B和糖，一起煮成焦糖色熄火，将红薯块放入锅中均匀的裹上焦糖液。

4. 取盘，涂上薄薄的色拉油后，放入红薯块，再撒上熟黑芝麻后待冷却即可。

莲藕凉糕

材料
莲藕粉250克，蜜红豆100克，水500毫升

调料
糖250克

做法
1. 莲藕粉加入300毫升水拌匀备用。
2. 取锅，加入剩余的200毫升水及糖，煮开后倒入藕粉浆中拌匀至稀稠状，加入蜜红豆拌匀。
3. 将拌好的粉浆装至容器中，放入蒸笼大约蒸20分钟后取出放凉，冰过即可食用。

关键提示 蜜红豆做法：100克红豆泡水6小时再沥干，加入500毫升水煮1个小时，再加入10克糖拌煮至入味且水分微干即可。

糖藕

材料
粉莲藕1大节，糯米100克，水适量，桂花1茶匙，牙签数支

调料
糖2大匙，蜂蜜1大匙

做法
1. 将先将糯米泡水2个小时，再沥干备用。
2. 莲藕洗净去皮，切开一端塞入糯米，再以牙签固定。
3. 将莲藕放入锅内，加水至超过莲藕5厘米高，以小火煮15分钟后加入糖，续煮10分钟至水略收。
4. 续于锅中放入桂花、蜂蜜，煮至酱汁浓稠后取出放凉切片，再淋上剩余酱汁即可。

蜜汁菱角

材料
生菱角仁300克，熟白芝麻少许，水120毫升

调料
糖1大匙，麦芽糖1大匙，酱油1/2大匙，白醋少许，淀粉少许，蜂蜜1大匙

做法
1. 生菱角仁洗净沥干水分，放入蒸锅中，约蒸30分钟，蒸熟备用。
2. 取筷子，将菱角蘸上淀粉，再放入150℃油锅中，炸1～2分钟夹起沥干油分。
3. 钢锅中放入水、所有调料以小火煮成浓稠状成蜜汁，再倒入蜂蜜，放入菱角仁裹上蜜汁，再撒上熟白芝麻即可。

香草米布丁

材料
米饭60克，鲜奶500克，香草荚1/2条，蛋黄50克，泡酒葡萄干2个

调料
糖50克

做法
1. 将鲜奶、蛋黄、糖、香草荚放入锅中煮匀，再加入米饭煮至浓稠状。
2. 放入泡酒葡萄干拌匀，倒入容器之中。
3. 烤盘中注入温水，将容器放入烤盘中隔水烤焙，以150℃烤15～20分钟即可。

关键提示 米布丁冰过口感会变的较硬，所以要趁温热吃，才能品尝到滑嫩的口感。

巧克力柳橙冻

材料

牛奶300毫升，巧克力酱200克，鱼胶片4片，
白柑橘酒10毫升，柳橙皮屑1/10颗，柳橙果冻适量

调料

糖20克

做法

1. 鱼胶片用饮用冰水泡软，捞出挤干。
2. 取一半的牛奶加热，加入糖和巧克力酱拌匀至完全溶化，再加入鱼胶片拌匀至完全溶化，接着过筛。
3. 再倒回剩余的牛奶中，加入白柑橘酒和柳橙皮屑拌匀，拌匀的过程中，同时泡至冰水中降温至10～12℃。
4. 先将做法3的材料倒入容器中约1/2的位置，再加入适量的柳橙果冻，再倒入适量的做法3材料，放入冰箱中冷藏约2个小时即可。

黑豆奶冻

材料

黑豆浆500毫升，琼脂条 4克

调料

糖30克

做法

1. 琼脂条加冷水泡软备用。
2. 将黑豆浆倒入锅中煮滚后，转小火加入琼脂条，拌煮至琼脂条融化，续加入糖煮至糖溶化，过筛后倒入模型中待凉。
3. 将放凉的模型放入冰箱中，待冰凉后即可食用。